不會做決定，
你就一輩子被決定

不會做決定，
你就一輩子被決定

不會做決定，
你就一輩子被決定

不會做決定，
你就一輩子被決定

不會做決定，你就一輩子被決定

這樣做出不後悔的選擇

DaiGo — 著

謝敏怡 — 譯

前言

人生是一連串的選擇

不選擇，就無法行動；

不行動，就什麼也得不到。

據說人一天大概會做出七十多個影響人生的選擇。

今天中午要吃肉，還是吃魚呢？
開發新客戶要先電話約訪，還是直接登門拜訪呢？
要約心儀的對象出去嗎？
別人委託工作時，是要接受還是拒絕，或是交換條件呢？
同事約下班後聚餐，要答應還是回家呢？
該辭去工作嗎？還是再觀察一陣子，或維持現狀呢？
要滿足父母對自己的期待，還是選擇反抗呢？
要跟交往對象求婚嗎？還是以拖待變呢？

從瑣碎的小事，到影響深遠的人生大事，有各式不同的選擇。我們人生路上經常出現「要選A或B，還是C呢？」的抉擇。

無論做出什麼樣的決定，都會對未來帶來非常大的影響。而且承擔結果的不是別人，正是自己。

正因爲如此，大家可能會覺得：「一定要做出正確的選擇才行！」但是從過去到現在，就腦科學和神經科學的研究與實驗結果來看，研究者皆指出**這世上並不存在一體適用的「正確選擇」**。因爲在選擇的當下，我們不知道未來會發生什麼事。

那我們該如何選擇，才能讓人生導向幸福的方向呢？

答案就是做出不後悔的選擇。

長年從事安寧療護的澳洲護理師布朗妮．維爾，在她的著作《和自己說好，生命裡只留下不後悔的選擇》當中指出，**臨終者大多留下以下五種遺憾與後悔**。

❶ 應該爲自己而活，而非滿足他人期待。

❷ 應該別那麼努力工作。

❸ 應該勇於表達自己的感受。

❹應該多與朋友保持聯繫。

❺應該讓自己活得更快樂。

此時此刻的你，是否覺得自己也有以上這五種遺憾呢？

但我想請大家思考一下，如果選擇了「不順從他人的期待，做自己想做的事」「重視工作與生活平衡」等選項，眞的就不會後悔了嗎？

人是時常後悔的動物，動不動就覺得「那時候如果這樣做就好了」。就算選擇了其他選項，也非常有可能因爲無法符合他人的期待，或是過度重視個人隱私而在事後感到後悔。

正確的選擇並不存在。既然沒有人知道選擇其他選項會發生什麼事，我們能做的只有一個，那就是做出當下最好、沒有遺憾的不後悔的選擇。「做自己想做的事很重要，但回應他人期待、從中獲得好處也同樣重要」「工作以外的私人生活當然要珍惜，但爲了生活不得不這樣選擇」等，**若能像這樣綜觀全局、冷靜判斷，無論做出什麼樣的選擇，都不會感到後悔**。

反過來說，正因爲潛意識覺得自己未能做出好判斷，才會感到後悔不是嗎？

講到這裡，應該有人會覺得自己在選擇時想得非常透澈，做了正確的判斷。但是，能夠理性做出不後悔的選擇的人極爲稀少，因爲大部分人都受到以下錯誤認知的影響：

錯誤認知①正確選項的存在。

錯誤認知②現在之所以成功，是因為過去做了正確的選擇。

錯誤認知③選擇越多，可能性越大。

請試著思考一下，你是不是也被這三種錯誤認知給綁架了呢？

錯誤認知①：正確選項的存在

你是否認為正確選項是存在的呢？

學校考卷上的選擇題一定有正確答案。這是因爲若學生無論選擇哪一個選項都不正確的話，就失去考試的意義，因此考題一定有正確的選項。但這種黑白分明的標準答案，只存在於學生時期的考卷上。**在日常生活與工作中，有多得數不清的選項，沒有人知道哪一個才是正確答案**。實際上，腦科學和心理學研究就明確指出，我們在判斷事物、做選擇的時候，正確的選項並不存在。

這論點應該讓人相當驚訝吧。

爲什麼呢？

因爲我們心中都希望做出正確的選擇。眼前一定有正確的選項，只要選對了，人生就順遂了。

大家應該都這樣認爲吧？

經歷煎熬又漫長的求職過程，畢業後開始工作的社會新鮮人，有三成在三年以內離職；幸福洋溢，登記結婚的新人，三對當中有一對離婚；就像這樣，**謹慎選擇未必就能幸福快樂**。如同未來無法預測，想從各種選擇的資訊當中，挑選出絕對有利的選項是不可能的。即便結果是好的，那也只是運氣好，並不是因爲選擇了正確的選項。

腦科學和心理學的學者們建議：若想提高選擇能力，就必須明白，沒有所謂的正確選項。

因爲「一定有正確選項」的迷思，會妨礙我們行動。

既然沒人知道未來會發生什麼事，正確選項就不存在，我們只能找到較佳的選項。

培養如何從眼花撩亂的選項中，找出較佳選項的能力，就是本書探究的主題——不後悔的選擇術。

正確選項並不存在

以為有正確選項的例子

求職時

以為選了正確選項而沾沾自喜

三年後……

未來無法預測

以不後悔的選項為目標

我們必須認清，絕對有利的選項並不存在，應該選擇當下最合理、不後悔的選項。

錯誤認知②：現在之所以成功，是因為過去做了正確的選擇

你是不是覺得，現在擁有的一切，都是按自己的意思去選擇而得到的結果呢？

我們思考時容易出現「自利偏誤」（self-serving bias），這種思考模式會讓我們覺得「成功都是靠自己的努力，失敗都是別人的責任」。這是爲了不讓失敗使內心受挫的一種自我防衛本能。

事事稱心如意時，就以爲「現在之所以成功，都是因爲自己的努力和正確的選擇所累積下來的結果」；當事與願違時，就一句「都是大環境不好」，對失敗的原因視而不見。**其實意想不到的好結果，就像是瞎貓碰到死耗子，當事人的判斷和選擇帶來的影響微乎其微**。

「現在之所以成功，是因爲過去做了正確的選擇」的錯誤認知，是讓我們產生**「這個方法之前成功了，所以這次也會成功」的錯誤聯想，並做出短視近利選擇的原因**。這種心理會干擾鑑別力和判斷力，使我們做出錯誤的選擇。

現在之所以成功，「不是」因為過去做了正確的選擇

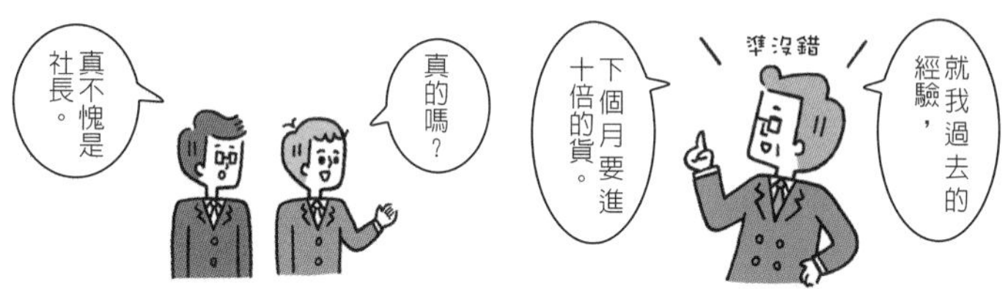

人容易依據過去的經驗，針對現在的狀況做選擇

但那稱不上是理性的選擇

不受過去的束縛，以做出理性的選擇為目標

過去的成功經驗可能只是運氣好。
理性判斷才是做出不後悔選擇的正途。

錯誤認知③：選擇越多，可能性越大

你是否認為選擇增加，越能自由地選擇，越能做出好的決定？

過去一般認爲「選項增加＝富足」，才能爲個體帶來幸福。然而行爲經濟學的研究發現，過多的選項反而會導致「選擇的弔詭」，讓人感到痛苦。

首先，當選項增加，猶豫、煩惱的時間就會增加，失去時間這個重要的資產。而且即便選項增加再多，也只是徒增我們思考其他選項的可能性，「如果那個時候選擇另一個選項，會怎麼樣呢？」讓人後悔而已。結果導致「規避選擇」法則發生。

規避選擇法則指的是因選項增加而感到迷惑，最後偏向選擇與過去相同選項的心理傾向。這種心理會讓人在必須改變時，**忽略應當選擇的選項，而決定維持現狀**。

選擇過多讓人感到痛苦

什麼是選擇的弔詭？

當選項數量適度時……　　　　當選項過多時……

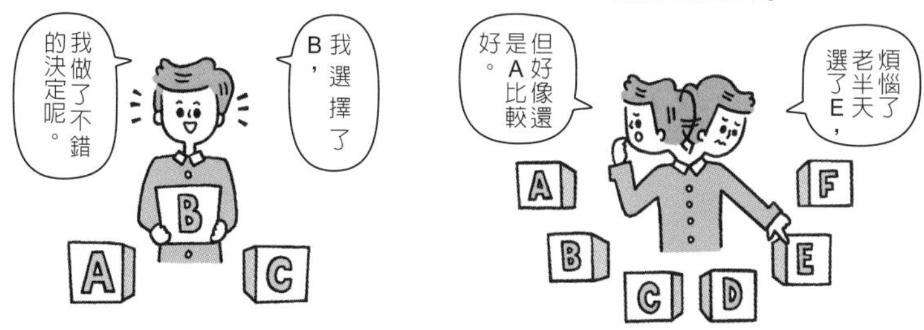

即便煩惱老半天做出了決定，也會覺得「會不會其實其他選項比較好啊？」而感到後悔。

什麼是規避選擇的法則？

當選項數量適度時……　　　　當選項過多時……

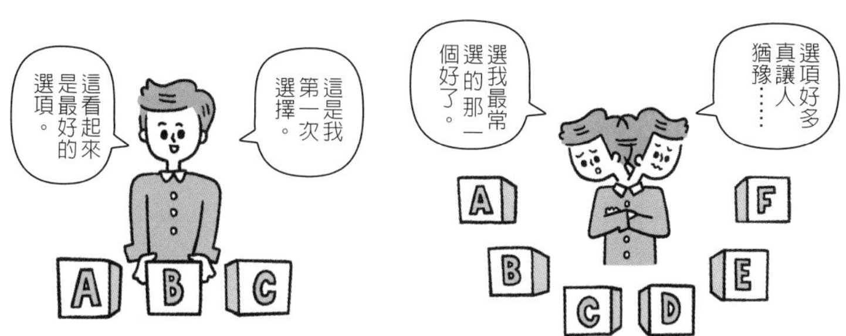

當選項過多時，人容易對新的決定和行為卻步，這種心理傾向讓我們最後選擇維持現狀。

看起來越正確的選項，越要再三審視

選擇時的三大錯誤認知及其因應對策，彙整如下：

錯誤認知①正確選項的存在

對策：要以不後悔的選擇爲目標，而非正確的選擇。

錯誤認知②現在之所以成功，是因為過去做了正確的選擇

對策：「好結果＝做出正確的決定」是種迷思，必須隨時修改過去的做法。

錯誤認知③選擇越多，可能性越大

對策：選項過多會讓判斷變遲鈍。

請各位先記住這三個對策，從懷疑錯誤的迷思出發。

當你出現「這是正確選項」的想法時，請停下來深呼吸一下。

我們的大腦有時會做出讓人難以相信的不理性選擇。正因爲如此，出現看似正確選擇的想法時，更要再三審視。

接下來，本書將按照以下階段，教你如何做出不後悔的選擇。

第一章：選擇方式是有風格的，找出你屬於哪一種。

第二章：爲做出不後悔的選擇做準備。

第三章：養成好習慣，做出不後悔的選擇。

第四章：避開削弱選擇力的五種陷阱。

第五章：爲做出不後悔的選擇自我訓練。

你想做的決定眞的是好選擇嗎？會不會只是剛好符合你當下的需求，你只相信自己願意相信的呢？

爲了培養辨別選項好壞的能力，你必須學習辨識自己的決策風格（第一章），爲做出不後悔的選擇做準備（第二章），並養成好習慣（第三章），了解剖弱選擇力的陷阱在哪裡（第四章），透過訓練培養選擇力（第五章）。

人生是一連串的選擇。

——英國文豪莎士比亞

閱讀本書，按部就班學習不後悔的選擇技術，你的選擇力一定能更上一層樓。不後悔的幸福人生正等著你。

讀心師 DaiGo

【目錄】

第二章 為不後悔的選擇做準備

第三章　養成好習慣，做出不後悔的選擇 106

第四章　避開削弱選擇力的五種陷阱 150

第五章 做出不後悔選擇的自我訓練法 204

第一章

找出你的決策風格

當別人說，你的選擇並非出自思考後的決定時，
你應該會覺得「怎麼可能！」吧。
但你的選擇，其實受到五種決策風格的影響。

introduction

決策風格影響你怎麼選擇

人在做選擇時，能夠意識到自己總是依據既定模式下決定的人應該不多。因此，為了做出不後悔的選擇，我們必須先理解選擇是有風格的。

❶ 以不後悔的選擇、而非正確的選擇為目標。

❷「好結果＝做出正確的決定」是種迷思，必須時常修改過去的做法。

❸ 考量過多的選項，會讓判斷變得遲鈍。

對於做出不後悔的選擇，我在前言說明了意識三種錯誤認知對策的重要性，但這裡還有一個相關概念想讓大家知道。

那就是**決策風格，也就是你的選擇類型**。

心理學界針對選擇，做了各式各樣的研究，並發現許多事實。其中在探討不後悔的選擇時，選擇類型的相關研究極為重要。**研究指出，我們在做選擇時傾向使用相同的模式來做決定**。

經常猶豫不決、無法做決定的人。

馬上就做出決定的人。

這些看起來，似乎是個性使然，但我們其實受到各種選擇類型非常大的影響。而且一般認爲，那些選擇類型在我們懂事之後就已定型，長大成人後幾乎不會改變。

也就是說，**你至今所做的各種選擇，看起來彷彿是愼重思考後所做的決定，但其實比起自己的獨立思考，受到選擇類型的影響反而更大且深遠**。

也可以說，選擇類型持續塑造、影響著現在的你。

如果能事先知道自己的選擇類型，你的未來可能不太一樣。

馬上就可以從ABC選項中做決定的人，以及猶豫不決、遲遲做不出決定的人，**心理學將這些不同的類型稱為「決策風格」**。

我們在做選擇時，是在與生俱來的決策風格影響之下進行的。

爲了磨練今後的選擇能力，先了解自己屬於哪一種決策風格，就變得很重要。

因爲**了解自己屬於哪種決策風格，掌握自己的選擇傾向，能有效率地提升選擇能力**。

決策風格分爲五種類型。
接下來確認一下你屬於哪一種吧。

掌握風格①

決策風格分為五種

為了做出不後悔的選擇，了解自己的決策風格很重要。因為過去你所做的選擇，可能都是受到那種決策風格的影響。

美國博林格林州立大學的研究團隊，於二〇一四年彙整了過去與決策風格相關的論文和研究指出，決策風格可以分爲以下五種類型。

❶ 理性型決策風格：

有邏輯地分析、比較選項，理性地做出選擇的決策類型。雖然在做出決策之前很花時間，但只要條件充足，便可精準無誤地做決定。

❷ 直覺型決策風格：

比起數字或資料，更重視自我感覺的決策類型。當「感覺對了！」，情緒上感到認同時，決策速度就會很快；然而，一旦開始煩惱則會很花時間。

❸ 依賴型決策風格：

傾聽他人意見後再做決定的決策類型。重視成功者、經驗者的意見，當選項越難抉擇，越偏向把決策權交給別人。

❹ 逃避型決策風格：

總是逃避做最終決定的類型。即便有充足的數據，也會盡可能避免做選擇，因此決策時容易優柔寡斷、耗費時間。

❺ 自發型決策風格：

決策速度快，有決斷力的類型。但比起比較數據等理性判斷，他們更重視「做出決定」這件事本身，因此有時會在決定之後感到後悔。

大部分的人應該都可歸類到這五種類型的其中一種。

你比較接近哪種決策型呢？

五種決策風格

理性型決策風格	直覺型決策風格	依賴型決策風格	逃避型決策風格	自發型決策風格
有邏輯地思考後做選擇。	比起數字更重視感覺。	重視他人的意見。	拖到最後才做決定。	比起思考，更急著做結論。

上班族每日大哉問：「中午吃什麼？」的五種決策風格

舉個例子，請試著想像一下，「今天午餐要吃什麼好呢？」「餐廳這麼多，該怎麼選擇呢？」這類午休跟同事外出用餐時的討論場景。

當五種不同決策風格的人聚在一起，討論起來應該會像下面這樣。

理性型決策風格：「午餐過後馬上要開會，吃蕎麥麵墊墊胃就好。」
直覺型決策風格：「我今天從一早就想吃咖哩，我們去吃咖哩啦。」
依賴型決策風格：「大家決定就好。」
逃避型決策風格：「蕎麥麵很好，但咖哩感覺也不錯。」
自發型決策風格：「既然沒有結論，那去常去的快餐店如何？」

最後到底是「吃蕎麥麵墊墊胃就好」，還是「去吃附近的快餐店」，可能會依團體內的人際關係、情況而有所不同，但不一樣的決策風格確實會影響每一個人的發言。

當然，有時也會出現綜合型的決策風格，比方說，逃避型決策風格的人因為掌握了決定權，而展現理性決策的一面；依賴型決策風格的人，在有興趣的領域展現直覺決策的一面等。但作為判斷基礎的各種決策風格，基本上是不變的。

順帶一提，研究也指出，我們看起來像是在追求正確答案，但其實只是選擇了滿足自我決策風格的選項。也就是說，**我們以為是「自己深思熟慮之後所做的決定」，其實只不過是順著自我決策風格做決定而已。**

決策風格問卷的調查結果

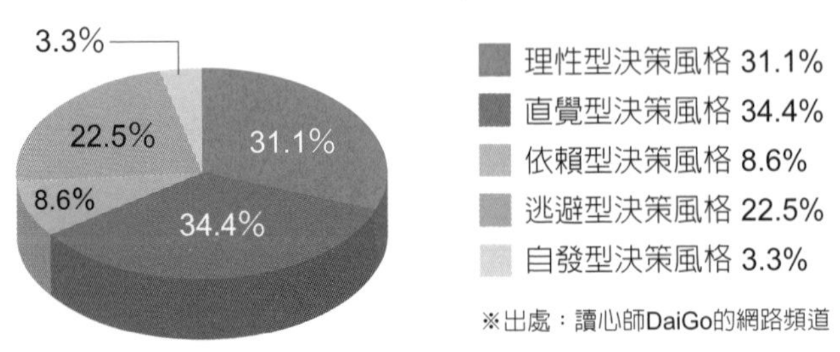

※出處：讀心師DaiGo的網路頻道

我在NICONICO頻道提問：「你覺得自己的決策風格屬於哪一種？」觀眾的回答分布如圖示。最多的似乎是直覺型決策風格。

重要的是，必須了解選擇背後的決策風格

想做出不後悔的選擇，必須掌握兩個決策風格的要點。

❶ 了解自己屬於五種決策風格當中的哪一種。

❷ 理解「人容易選擇符合自我決策風格的選項」。

首先，將你一直以來的選擇方式與五種決策風格比對，確認自己屬於哪一種。這樣應該可以看出特定的決策傾向，如「太容易受到他人意見的影響」「常常拖到最後才決定」等。

知道自己屬於哪種決策風格之後，請參考下頁之後的內容，逐漸改掉讓自己感到後悔的決策習慣，往後做決定就能如魚得水了。

掌握風格②

理性型決策風格，做出不後悔的選擇

五種決策風格對於能否做出不後悔的選擇影響深遠。為此必須先了解自己決策風格的缺點，才能加以改善。

博林格林州立大學的研究結果發現，**對自己做出的選擇與結果，最不容易感到後悔的是理性型決策風格的人**。這應該是因爲這類人習慣仔細地分析、評斷資訊後才做決定，因此容易接受自己的判斷，衷心認同「這是那時最理想的選擇」。

在周遭人看來，理性型決策風格的人所做的選擇相當理智、有邏輯，讓人信服，廣受好評。一般認爲這樣的人擅長做出不後悔的選擇。

另一方面，評價最低的，則是直覺型決策風格。

因爲在周遭人眼中，依據直覺所做出的決定大多讓人感到不解。此外，這種類型的人也有個特徵，就是在做選擇時會跟別人或其他選項比較，然後給予自己較高的評價。

因爲**直覺型決策風格的人，傾向只肯定自己是「正確」的資訊，迴避或無視否定自我的資訊**。

心理學將這樣的傾向稱爲「驗證性偏誤」。也就是說，直覺型決策風格的人容易用當下的感覺去做決定，結果就變成旁人眼中難以理解的選擇。

比方說電影、電視劇和小說當中，經常看到刑警用直覺看破嫌疑犯的謊言、解決案件的情節。

有項針對這種刑警的直覺而做的心理學研究顯示，刑警看穿別人謊言的機率是五四％。這個數字算高嗎？

拿去跟相同實驗中，外行人看穿他人謊言的機率研究做比較，應該很清楚明瞭。外行人看穿謊言的機率其實也是五四％。

研究也指出，經過系統化的表情分析訓練，學習從表情和肢體語言找出說謊的線索，看穿說謊的機率就可提升至九〇％。但是在沒有系統化的學習狀況下，**老刑警的直覺跟外行人的觀察力其實並無差異**。

如此一來，最麻煩的就是遇上老愛說「我是經驗老到的刑警」，那種凡事都用直覺判斷、自以爲是的直覺型決策風格的人。

他們以爲「過去的經驗，證明我的選擇是對的」，實際上命中率卻跟外行人差不了多少。

也就是說，這種沒根據又自以爲的「刑警的直覺」，無論對刑警還是嫌犯來說，非常有可能會不斷做出讓人後悔的選擇。

雖然直覺型決策風格的人容易受到驗證性偏誤的影響，但其實無論是哪種決策類型的人，或多或少都會受其左右。

重要的是，必須對自己是否容易受到驗證性偏誤的影響有所自覺。容易受到影響的人，如果覺得「這個人就是這樣」的時候，就從完全相反的角度開始思考吧。

如此一來，便能意識到自己可能出現驗證性偏誤，便能懷疑自己的直覺，逐漸找出審慎思考的判斷資訊。

不是理性型決策風格的人，該怎麼辦？

聽到理性型決策風格的人能做出不後悔的選擇，應該有人會浮現「如果我不屬於理性型決策風格，該怎麼辦才好？」的疑問。

請不要放棄。

重要的是，意識到「自己不擅長理性判斷」，並多小心留意。

要小心留意的不僅限於有驗證性偏誤的人。**因為非理性型決策風格的人在做選擇時，會比理性型決策風格的人更容易受到情緒的影響**。

從下面的例子可以學習到，什麼是不受情緒影響、理性的判斷。

在二〇〇一年美國同時發生多起恐怖攻擊，客機撞擊紐約世貿雙子星大樓的悲慘事件發生之後，世界各地許多人都盡可能不搭乘飛機。他們是因爲恐怖攻擊事件而選擇了不搭飛機這個選項，但理性思考，搭飛機遇到恐怖攻擊與在陸地上受到交通事故波及，哪個意外機率比較高？

答案很明顯是後者。

假如恐怖分子一年劫持五十架飛機，只要沒殺掉整架飛機的乘客，其死亡率根本比不上斑馬線上發生的交通事故。也就是說，當日常生活中恐怖攻擊事件發生的頻率高到一定程度時，避免搭乘飛機這個選項才是理性的決策。然而現實並非如此。即便陸上交通事故的發生機率明顯較高，大家還是很害怕搭機遇到恐怖攻擊。這是因爲深植於心中的恐懼情緒嚴重影響了決策，使我們做出不理性的判斷。

有人說情緒化的判斷是人性使然，但是在做重要決定時，情緒會妨礙判斷。因此，**容易受到情緒影響的人，平常就必須審視自己是否有做出情緒化判斷的情況。**

掌握風格③

往理性型決策風格邁進的五個習慣

理性型決策風格類型以外的人，容易做出情緒化、非理性的選擇。因此，對這樣的傾向有所自覺，讓自己盡可能用理性的思考方式做選擇吧。

以下是五個往理性型決策風格邁進的好習慣：

❶審視並評價自己做的選擇：

即便再怎麼小的決定，也要**試著審視並評價自己做的選擇，「是否有其他選項？」「我對選擇的結果感到滿意嗎？覺得後悔嗎？」**你也可以將這些項目做成檢查清單，用分數或是〇×△等記號做評價。

決策風格屬於直覺型、自發型的人，在做選擇時通常不會思考、比較其他選項，因此養成自我審視的習慣相當有效。

❷不要走捷徑：

這裡所說的捷徑，指的是「因爲某某某說這很好」「因爲這個在電視上的評價很好」這類以他人意見爲基準，或是「就一般常識而言，應該選這個吧」「我不是很清楚，但這個看起來不錯」，這種沒根據、只憑感覺做出來的決定。

在做選擇時，請養成問自己「我現在是不是想走捷徑」的習慣。尤其是依賴型、逃避型決策風格的人，比其他類型的人更容易抄捷徑，因此須多留意。

❸ 把眼光放遠一點：

假設在擠滿人的電車，有上班族覺得煩躁，「推什麼推」「我沒推啊」，跟別人起了衝突，正準備動手毆打對方。

這個時候如果可以上前問他：「你覺得現在毆打了眼前這個人，五年之後會因此而變得更幸福嗎？」他應該馬上就會放下高舉的拳頭了吧。

但假如被一時的情緒沖昏了頭，他很有可能就會選擇「因爲很生氣，所以痛毆對方」這個讓人後悔的選項了。

這是個極端的例子，**但養成在做決定之前，想像一年後、十年後可能會帶來什麼結果，平時就從長遠的角度來思考自己與周遭環境的習慣**，能夠幫助我們培養理性選擇的能力。

❹ 做選擇時，留意過度自信、太過樂觀的傾向，做點小測試：

人在事事稱心如意，覺得這樣做從沒出過什麼問題時，容易出現過度自信、太過樂觀的傾向，陷入「我能夠做出正確選擇」的錯誤思維。但身爲必須做重要決策的人，若侷限於這樣的想法，很容易做出後悔的選擇。

以「吉他伴奏曲不會紅」爲由，拒絕披頭四毛遂自薦的唱片公司。將親自來投稿的作者拒於門外，拒絕出版《哈利波特》的出版社。一句「沒有人會用電腦啦」，拒絕投資蘋果和微軟的企業和投資人。

過度自信、太過樂觀的傾向，容易扭曲決策、招致失敗。想預防出現這樣的錯誤，可以做點小測試。

我在決定出版書籍的書名時，常常在推特或網路頻道直播，向追蹤者或觀衆做問卷調查，請大家幫忙看書名提案。

即便就我個人的直覺、出版社的經驗來說，判斷「這個書名應該賣得比較好」，但假如問卷調查的結果不是如此時，基本上我會以問卷調查的意見爲主。因爲過度自信、太過樂觀的傾向，所帶來扭曲決策的風險比較可怕。

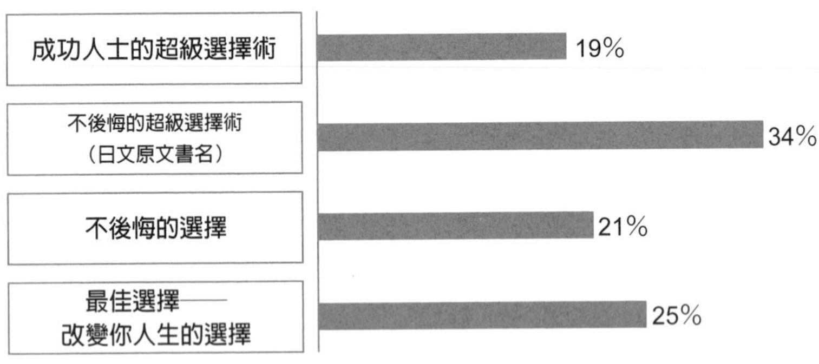

我們徵詢了周遭意見，決定了這本書的書名，大家選擇了DaiGo跟出版社意料之外的選項。

※出處：讀心師DaiGo的推特

你在做選擇時，也試著聽聽周遭的意見，做點小測試吧。

針對自己想選的選項，向年紀和立場不同的人徵詢意見，或是請周遭的人投票，這種經典的調查方法，只要樣本數達到一定的水準，應該可以獲得相當不錯的成效。

現在不用面對面詢問，透過推特、臉書、Line等社群網站或軟體，就可以輕鬆徵求眾人的意見，這些方法也能得到相當有用的意見和數據。

此外，你也可以把自己想選的選項，拿到谷歌等搜尋引擎檢索看看。

尋找相似的過去事例，了解這樣的選項會帶來什麼樣的結果，應該能夠找到做出不後悔選擇的線索。而且這時所做的調查跟分析，也能收進自己的參考資料庫。

❺ 從過去的失敗經驗中學習：

美國的傳奇投資大師巴菲特，可以說是投資界不斷做出不後悔選擇的最佳代表。查理．蒙格則是巴菲特一直以來都非常信賴的左右手。

蒙格本身也是投資家，累積了巨大財富，他有個持續至今的習慣，那就是寫「查理．蒙格的失敗筆記」。

筆記上寫的東西是蒙格聽聞過的各種失敗經驗，包括投資家、政治家、企業家、運動選手、歷史人物，或是新聞報導上的一般大眾。蒙格將他感到在意的失敗例子寫到筆記上，然後在投資之前，他一定會把筆記翻過一遍，確認自己在做選擇時是否犯了同樣的錯誤，而導致失敗。

針對撰寫失敗筆記的理由，蒙格回答道：「成功的因素多且複雜，到底哪個因素能帶來成功並不明確，但是失敗的因素卻顯而易見。」也就是說，**蒙格藉由閱讀失敗筆記，反省別人失敗的原因，預防自己犯下錯誤**。

我現在也向蒙格看齊，撰寫失敗筆記，在採取行動之前一定會先把筆記看過一遍。

比方說，受到公司內部保守勢力的反對，索尼（SONY）的智慧型手機研發事業因此受阻，寶麗來（Polaroid，發明並生產世界第一臺拍立得的公司）放棄跨足數位相機市場，業績從此一蹶不振。當我想採取保守策略時，我就會問自己：「這是不是無意義的明哲保身呢？」而且閱讀失敗案例，能提高察覺自己差點選擇容易失敗選項的機率——「這跟筆記上寫的狀況很相似」。只要察覺到了，當然也就可以修改策略。**如此反覆訓練下來，便能越來越接近理性型決策風格，遠離讓人後悔的選擇**。

順帶一提，我會把有意思的失敗例子存在記事軟體 Evernote 上。想確認的時候只要使用關鍵字搜尋即可，而且便於瀏覽，我非常推薦。

掌握風格④

你是「極大化者」還是「滿足化者」？

決策風格分成五類，而人們如何看待選擇後的結果，大致分為兩類——「極大化者」（完美主義）與「滿足化者」（完成主義）。

極大化者：總是不斷追求最好的類型。

滿足化者：不用做到最好，只要做到某種程度，就能滿足的類型。

據心理學家貝瑞．史瓦茲（Barry Schwartz）的研究，極大化類型的人常不滿於選擇的結果，容易累積壓力；另一方面，滿足者因爲「知足」，所以對人生的滿意度較高。

無論你屬於五種決策風格當中的哪一種，就面對選擇結果表現出來的態度來看，一定都是「極大化者」或「滿足化者」的其中一種。如何面對選擇的結果，也會對「是否感到後悔」帶來非常大的影響。

重要的是，了解自己屬於哪一種類型──「因爲我屬於○○型決策風格，是極大化者，所以這樣選擇、如此面對選擇的結果」「因爲我屬於○○型決策風格，是滿足化者，所以這樣選擇、如此看待選擇的結果」。

掌握自己的思考模式，以及面對結果的傾向，是做出不後悔選擇的第一步。

接著讓我們來看看左頁圖中這十種模式。

五種決策風格和兩種面對結果的類型，可以排列出許多不同種類的組合。

無論是哪種決策風格，對選擇結果的滿意度皆以滿足化者較高。面對結果，極大化者則經常出現「當時應該選擇另一個」而感到後悔的傾向。

你屬於那一種類型組合呢？

	滿足化者	極大化者

理性型

正面地評價選擇的結果：「這是仔細分析後得到的結果，這樣就可以了。」

反省、深思自己做的選擇：「理性地思考，是不是還有其他更好的選項？」

直覺型

對選擇的結果滿意度高，對自己的能力有高度的自信。周遭的人則是覺得：「他的自信是哪裡來的？」

依照自己的感覺做選擇，卻怎麼也無法對自己選擇的結果感到滿足，不停重複這樣的循環。

依賴型

覺得依據特定對象的意見，能做出好選擇，因此非常重視那個人的意見。

對自己做的選擇沒信心，為了得到更好的結果，總是想詢問更多人的意見。

逃避型

認為謹慎選擇能帶來好結果，因此花費較多的時間在決策過程上。

不僅花費很多時間在選擇上，也無法滿足於結果，是非常優柔寡斷的人。

自發型

選擇的速度快，也容易滿足於結果，但實際上結果的好壞大多是碰運氣。

只要結果不滿意，馬上就轉向其他的選項。某種程度上來說，雖然擅長做選擇，但也經常失敗。

自我診斷

你覺得你是極大化者還是滿足化者呢？讓我們用心理學家史瓦茲做的「滿足化量表」，測量一下自己的極大化程度。以下有六個問題，請依據下列方式計分：

問題一：你在看 YouTube 的時候，即便看到還算有趣的影片，也是會繼續搜尋是否還有其他更有趣的影片。

問題二：無論是否滿意現在的工作，都認爲繼續找其他工作是理所當然的。

問題三：經常覺得挑禮物給朋友或情人很困難。

問題四：租DVD時，常常覺得要租一部最好的片子，因此總是難以抉擇。

計分方式

非常不符合……1分
不符合…………2分
有點不符合……3分
不知道…………4分
有點符合………5分
符合……………6分
非常符合………7分

問題五：無論做什麼事，都給自己訂下最高的標準。

問題六：無論買東西還是點餐、挑情人、選工作等，不會妥協於次等選項。

請分別回答這六個問題並計分，合計所有的分數之後除以六，算出平均分數，請計算至小數點後第二位。

你拿到幾分呢？依據分數，可區分出以下分類：

5.5分以上

這是比例僅有一〇%左右的極大化者。他們活在東西和資訊多、選項眼花撩亂的現代社會，一直在累積壓力。如果學不會對選擇的結果放寬心，將不斷折磨自己。

4.75分～5.4分

典型的極大化者。容易因爲過度追求更好的選項，而感到壓力。只要了解滿足化者的想法，了解什麼是差不多就好，便能活得稍微輕鬆一點。

3.25分～4.74分

具有極大化者傾向的滿足化者。滿意度會因為選擇的種類和結果所引發的情緒變化而有所改變。這種類型最為普遍，這樣的人必須對自己極大化者的面向有所自覺，盡量克制強烈的執著和堅持。

2.6分～3.24分

典型的滿足化者。這種類型的人，很少會對結果感到懊惱。維持對結果的看法

極大化量表的調查結果

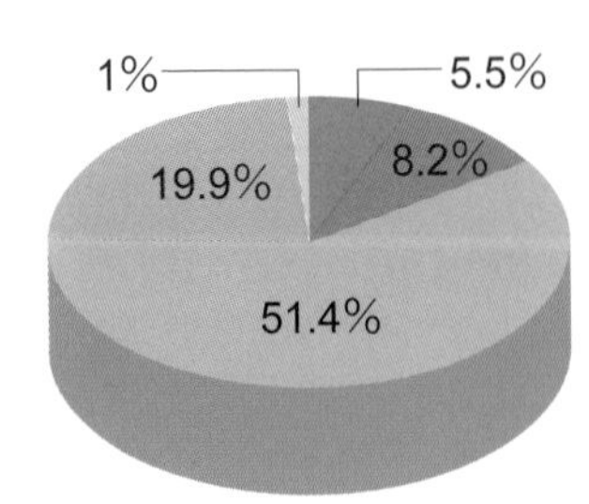

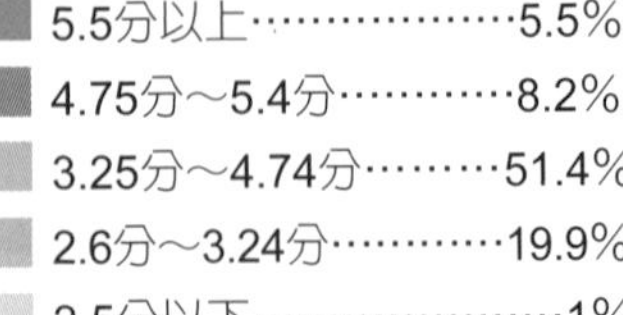

※出處：讀心師DaiGo的網路頻道

向網路頻道的直播觀眾調查「極大化量表」測驗的結果，大多數人落在3.25分～4.74分，為有極大化者傾向的滿足化者。

不變，提高做選擇時的理性程度，便能逐漸成為容易做出不後悔選擇的人。

2.5分以下

為高度的滿足化者。能滿足於自己做的選擇，因此能度過無壓力的一生。

雖說如此，一般來說二．五分以下的人可能只占了總人口的一％左右。

這只是一種衡量方式，能否做出不後悔的選擇，並不取決於你是極大化者還是滿足化者，但滿足化者做出不後悔選擇的機率確實比較高。

即便測驗結果顯示你是極大化者，也請不要放棄。**只要照著本書接下來的訓練方法去做，就有機會逐漸減少壓力**。

此外，極大化者其實又可分為「好的極大化者」和「不好的極大化者」兩個種類。

掌握風格⑤

極大化者的兩種類型

極大化者容易累積壓力。據加拿大滑鐵盧大學所做的研究指出，極大化者有兩種類型，兩者的人生幸福度有極大的差異。

推進型極大化者

針對多種選項進行全面性的調查，但傾向於比較不同選項的優缺點，試圖發掘選項好的面向。

評價型極大化者

受到「應該有最客觀、最好的選項」這種前提的限制，有檢討選項各種可能性的傾向。

比方說，如果在網路商店購買單眼相機，滿足化者把推薦名單和評價前幾名的型號大致看過一遍之後，「就這個好了」，馬上就能做出決定，只要拍出來的成果符合自己期待的水準便滿足了。

另一方面，推進型極大化者當然也會比較推薦評價高的名單，但除此之外還會依據自己的標準，比較多個型號的規格及優缺點之後才會購買。儘管心中想著「別的型號好像比較好耶」，但也會「不，這個型號有這個功能，很方便」，接受自己的選擇。

然而，評價型極大化者則認爲「一定有最好的相機！」，把刊載於網路商店所有數位單眼相機的資訊全都確認一遍。不然就是明明在決定購買之前已經花費大量的時間，卻在一聽到新款推出的消息，就覺得「唉啊，當時應該再等一等的」「明明那個型號比較好」等，無法對自己的選擇結果感到滿意。

徹底調查所有選項並不是壞事，但評價型極大化者認爲一定有最佳的選項、最好的結果，試圖尋找根本不存在的選擇，在反覆調查選項名單的過程中，抓著所有資訊不放。如此一來，就會對原本應該放手的選項放不了手，一直想個不停，導致決策延宕，也無法對最終的選擇感到滿意。

就像這樣，「那好像很好」「這似乎也不錯」，評價型極大化者陷入無止境的反覆思考，壓力也跟著越來越大。而且，不停思考同一件事可能會增加罹患憂鬱症的機率。

同樣是極大化者，卻有不同的滿意度

極大化者共同的思考模式

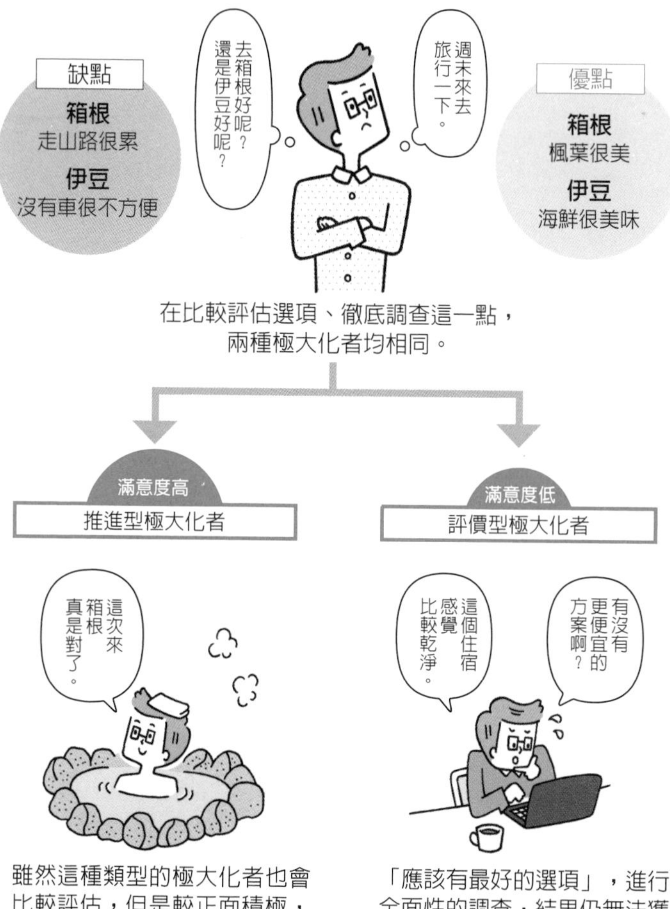
週末來去旅行一下。
去箱根好呢？還是伊豆好呢？
缺點
箱根
走山路很累
伊豆
沒有車很不方便
優點
箱根
楓葉很美
伊豆
海鮮很美味
在比較評估選項、徹底調查這一點，
兩種極大化者均相同。
滿意度高
推進型極大化者
滿意度低
評價型極大化者
這次來箱根真是對了。
有沒有更便宜的方案啊？
這個住宿感覺比較乾淨。

雖然這種類型的極大化者也會比較評估，但是較正面積極，對最終的選擇感到滿意。

「應該有最好的選項」，進行全面性的調查，結果仍無法獲得滿足。

推進型極大化者跟評價型極大化者一樣會徹底比較資訊，但是卻懂得做取捨。此外，推進型極大化者也容易對結果感到滿足，因此能減少累積壓力的機率。

假如你是極大化者，而且覺得自己比較接近評價型極大化者，試著學習滿足化者或推進型極大化者的思考方式吧。

「我是極大化者，一定會針對選項做仔細的評估，這是沒辦法的事。但相對的，一旦做出決定，無論那個選擇帶來什麼樣的結果，也要試著找出結果的『正面要素』。」

像這樣花點心思，可以減少選擇之後感到後悔的情形，下一次也能做出更好的選擇。

理性選擇，滿足所選

本章將選擇大致分爲「選擇的類型」與「面對結果的態度」，針對這兩個主題說明選擇的相關知識。

在「選擇的類型」，想做出不後悔的選擇，必須以理性型決策風格爲優先。理由在於理性型決策風格情緒化的情況少，進行必要的分析和反證之後，能夠做出選擇。

此外，在「面對結果的態度」，滿足化者最容易做出不後悔的選擇。因爲滿足化者對選擇的滿意度高、壓力少，也能正面地接受選擇的結果。

也就是說，**「理性選擇，滿足所選」這個概念，是做出不後悔選擇的根本。**

以上述爲基礎，下一章開始討論提升「選擇力」的技巧和訓練等具體的實踐方法。

Let's try

試試看 01

理性決策自我訓練法

效果

持續力提升 ★★★★

客觀力提升 ★★★★

以下是一天結束時，自我訓練如何做出理性決策的方法。

準備筆和紙，寫下你今天做的選擇。

你的腦中應該浮現出好幾個今天所做的選擇，請把當中印象最深刻的選擇寫下來。

例如：今天實行了上星期決定的「為了身體健康，每天早上多走一個捷運站」的選項。

STEP 2

以十分為滿分，為自己所做的選擇評分。

藉由評價滿意度，檢討這個選擇是否應該持續下去。

例如：為了身體健康，每天早上都走一個捷運站，所以滿意度是八分。

寫下評分的理由。

寫下評這個分數的理由，找到改善方法。

例如：因為走得太悠哉，導致上班快遲到而非常焦躁，所以扣兩分。明天要更早一點出門。

STEP 4

改變觀點，從長遠的角度來評價你所做的選擇有何優點。

從長遠的角度來思考，能使達成目標的方法變得更明確。

例如：只要將走一個捷運站的距離養成習慣，每天逐步增加步數，就有機會改善身體健康。不僅維持健康，同時也能增加體力，好處多多。

總結

就像這樣改變觀點，藉由一個個評價當天所做的選擇，不僅能讓自己的決策風格逐漸接近理性型決策風格，也能自我訓練如何客觀地評價自己的選擇和行為。

第二章

為不後悔的選擇做準備

本章關鍵字是「客觀性」。
你是不是覺得自己隨時都能冷靜判斷？
為不後悔的選擇做準備的第一步，
就是打破這種迷思，開始懂得質疑自己。

introduction

真的是你自己決定的嗎？

我們每天所做的選擇真的是「自己決定的」嗎？大多數人之所以做出後悔的選擇，其實大多是因為並非自己決定的關係。

「明明應該要自己決定，卻無法做決定。」

這句話看起來寓意深遠，意思是**我們以為這個決定是自己做出來的，但其實大多時候出於時間緊迫，或是一時衝動所做出的選擇而已**。

比方說，假設你的朋友正煩惱是否要換工作。從客觀的角度來看，朋友應該有以下選項。

1. 再觀察一下現任公司的情況。
2. 跳槽到同業界的公司。
3. 挑戰不同產業的公司。
4. 成爲自由工作者。
5. 獨立創業。
6. 嘗試到海外打工度假。
7. 先辭職再說。

但是他卻在仔細思考「跟上司相處不融洽」「被同業其他公司挖角」等選項前，煩惱著「是否辭職」這個二選一的問題。

「因爲跟上司吵架，所以提出辭呈。」「上司好像要調到別的部門了，再觀察看看。」「獵人頭公司希望我在〇月之前做好決定。」

你的朋友可能受到外在的壓力，而把焦點放在「是否辭職」這個二擇一的選項上了。

當然也有很多人是按部就班、仔細思考後才做選擇，例如：以一技之長轉爲自由工作者的人、存錢獨立創業的人、挑戰海外生活的人，以及評估辭職和不辭職的優缺點之後，決定留下來繼續工作的人等。

即便如此，大部分的人都有這樣的傾向：還沒好好思考各種可能性就做出決定；或是受到外在壓力，情急之下慌亂地決定「就這個好了」。這不僅限於換工作的時候，可以說做任何決定都可能碰到以上情況。

我們做選擇時，之所以會擔心自己會不會後悔，而感到莫名恐懼，是因為大部分的人在做決策時容易無意識地受到焦躁或衝動情緒的影響。

反過來看，只要能夠想：「我仔細思考後做出了決定！」後悔的次數就會大幅減少。

第二章將介紹，如何不受焦躁情緒或一時衝動的影響，做出不後悔選擇的六個準備工作。

這些準備的共同點在於，客觀地觀察你想要選擇的選項。

這選擇是不是一時衝動下的產物？覺得「就是這個了！」，會不會其實只是自以爲，從時間成本和金錢成本來看，根本不符合成本呢？這對未來的自己眞的是有用的嗎？

在思考的過程中停下腳步，對自己的想法投以懷疑的眼光，重新審視選項，是做出不後悔選擇的關鍵。

準備工作①

切記人是無法抗拒衝動的生物

即便是擅長看透人心的讀心師，面對衝動或誘惑時，也會出現無法冷靜判斷的情況。為了做出不後悔的選擇，了解大腦的弱點便很重要。

做出不後悔選擇的第一個準備，就是切記人是無法抗拒衝動的軟弱生物。

在我以讀心師身分上電視節目、積極參與各種演出的那段期間，曾經有人問我：「你既然能夠看透人心，談戀愛對你來說應該很簡單吧？」我也曾經遇過，問當時交往中的女性：「妳想要什麼生日禮物？」對方笑著回我「你明知故問」的尷尬狀況。

從結論來看，**再怎麼優秀的讀心師、博學多聞的心理學家，也無法成為戀愛高手**。

因爲談戀愛時想做出符合科學邏輯的正確選擇是不可能的。在喜歡的人面前，人的大腦會陷入恐慌。產生恐慌的同時，大腦有二十個以上的部位會隨機活化，出現跟吸食古柯鹼或海洛因等毒品時相同的反應。

出現那種狀況時，我們的決策力和判斷力會明顯下降。也就是說，在喜歡的人面前無法做出理性選擇是有科學依據的結論。

已婚者或是有眞命天子（女）卻到處拈花惹草的人，之所以受歡迎，是因爲他們在異性面前的言行舉止充滿魅力。他們保有判斷能力，因此能選擇受他人歡迎的選項。

我這裡舉戀愛的例子，是想表達人的大腦很軟弱。即便平時再怎麼理性、有判斷力，只要牽扯到愛情或生死關頭，很難克制自己不在強烈欲望或情緒影響之下做選擇。

一般來說，人能夠抗拒衝動或誘惑，冷靜且理性判斷的機率大約是五〇%。減肥時，眼前出現最近廣受好評的甜點，兩次當中有一次會選擇吃掉；戒菸時，當身旁的朋友一邊抽菸，一邊問：「要不要來一根？」兩次當中有一次會選擇抽菸。即便下定決心抗拒誘惑，想堅決抵抗突然出現在眼前的誘人選項，是相當困難的事。

然而，下定決心要達成目標，卻禁不起衝動和誘惑、做出違心的選擇之後，往往會感到非常後悔。想減少做出讓自己後悔決定的機率，就必須接受「我們容易輸給衝動和誘惑」的事實，並事先擬好對策。

比方說，假設你下定決心要取得工作需要的專業證照。你雖然規畫了考前讀書計畫，但在通往目標的道路上，誘惑和衝動會多次來訪。這時就必須預測自己可能會輸給什麼誘惑和衝動，事先擬定對策，準備迴避失敗的其他選項。

・參加證照考試講座、進修班。

順從自己的欲望：工作太忙，回家就累到睡著。

迴避失敗的選項：準備好在上班前透過網路學習的環境。

・在考試之前，每天晚餐飯後用功讀書。

順從自己的欲望：讀到一半分心看電視。

迴避失敗的選項：把電視節目預錄起來，考完試之後再看。

像這樣，假定達成目標前可能發生的各種問題，並制定相關對策，這個方法在心理學稱爲「預先承諾」（pre-commitment）。

想做出不後悔的選擇，就必須在心中訂定自己的原則，預測自己可能會輸給什麼樣的衝動和誘惑，擬定各種情況的因應對策。

準備工作②

比起知識和經驗，更應重視問卷調查樣本數

雖然不同的決策風格有所差異，但我們平時就容易用直覺判斷事物。然而，做重要決定時如果過度依賴直覺，容易失去客觀性，很有可能做出後悔的選擇。

做出不後悔選擇的第二個準備是留意樣本數是否足夠，以獲得客觀的參考角度。

「因爲以前這樣做都沒問題」「很多人這樣做都成功了」等，我們的大腦具備依據過去的經驗法則快速做決定的決策機制。

這種機制在心理學界稱爲「捷思」（heuristic），換句話說，也就是「大致掌握事物」或是「直覺地理解事物」。

人經常依據腦中的資訊或經驗，大略地判斷狀況。

運用捷思的確能提升判斷事物的速度，**卻會使得思考或分析過於簡化，無法針對各種不同場合做出必要且適當的理性判斷**。而留意樣本數足夠與否，能有效預防捷思導致的弊病。

如前述，我在出書之前會把書名的候選名單公開到推特或網路直播，向大家做書名的問卷調查。我這麼做就是在增加樣本數，以迴避捷思可能引發的問題。

大多數出版社或編輯都會用經驗法則來取書名，如「大家應該會喜歡的書名」「跟過去暢銷書相似的書名」「感覺會大賣的書名」。

而我就會提出這樣的疑問：

「有多少人說這個書名提案很好？」

這時大多會收到這樣的回答「編輯部一致好評」「跟行銷業務開會獲得多數人贊同」，樣本數大概只有幾個人，頂多也才十幾人。

即便如此，他們似乎認為因為是該領域專家提出的意見，所以是有參考依據的。

這裡我想向大家提出一個問題。

如果要在數千人規模的問卷調查，跟編輯一句「這書名很好」之間做選擇，對作者而言，你覺得哪一個是不後悔的選擇？

答案是前者。

出版社和編輯當然會為了吸引更多讀者的興趣、讓更多人願意購買，認眞地思考書名，但是他們卻不重視選項的樣本數。

正因為是熟悉的工作，所以容易受到過去經驗和知識的影響，而忽略更有效的方法。

獨自一人向上千人進行問卷調查，可能有點困難，但多虧有網際網路，使得蒐集相關經驗者意見的工作變簡單了。你只要在做選擇時把選項放到網路上問就好。

另外，假設你在工作上有選擇的煩惱，只要去常去的店家向老闆和遇到的客人，或是有相同興趣的社群、同事或上司等不同觀點的人商量看看也可以。

「過去有相似的案例嗎？」

「之後想做的選擇，有多少樣本數作爲參考依據？」

只要留意這些要點，努力增加樣本數，便能提升選擇的品質。

準備工作③

不要太相信自己的時間感覺

在時間上有餘裕，冷靜做出判斷很重要。想制定出完美的計畫很難，但只要客觀地觀察自己，便有機會規畫出有餘裕的計畫。

我們都知道，人所具備的時間感覺是非常不準確的東西。**我們在做任何事情，計算所需的時間和勞力時，容易選擇低估**。

比方說，假設你身邊有人動作拖拖拉拉，或是不擅長做家事，速度之慢，任何人看到都會覺得這樣無法按照計畫完成。

但當事人是以準時完成工作爲目標，做事非常認眞。即便如此，「爲什麼我老是沒辦法在預定時間內完成呢？」這問題一直困擾著他。

知名認知心理學家、獲得諾貝爾經濟學獎的康納曼，將這種現象命名爲「計畫謬誤」（planning fallacy）。他針對撰寫畢業論文的大學四年級學生進行以下實驗。

康納曼詢問學生：「何時能寫完畢業論文？」請他們自我預測最短和最長所需的天數。

那時學生們預測最短平均天數爲二十七天、最長爲四十九天。

然而，實際完成論文的平均天數是五十六天，在最短預測天數內寫完的學生僅占少數，於最長預測天數完成的學生也不到一半。

預防計畫謬誤的方法

請別人分析

你覺得怎麼樣？

換位思考

如果是他的話……。

只要能不過度自信，客觀地分析，就可以避免計畫失敗。

這個方法也行得通！

假想最糟的情況

還有其他的工作，有可能要花上10天左右。

參考過去的數據

而康納曼也坦言自己曾落入計畫謬誤的陷阱。他過去曾撰寫過教科書。當時原稿撰寫順利，一年多完成了兩個章節。那時康納曼向撰稿團隊的全體成員提出這樣的問題：「這本教科書還要幾年才能完成？」請他們預測。

包含了康納曼本人，撰稿團隊預估大概兩年，最短一年半，最長兩年半可以完成教科書的撰寫，結果竟然花了八年才寫完。

就連諾貝爾經濟學獎得主也誤以爲自己應該做得到，而做出錯誤的選擇判斷。但康納曼同時也指出擺脫計畫謬誤的方法。

一個方法是，**請非常了解你的人，幫你預估需要多少時間完成這項工作**。

另一個方法是，**預測你以外的其他人，完成這項工作需要多少時間**。這兩種方法的重點都在於**客觀性觀點**。

只要時常使用這類方法保持客觀性，便能避免做出過度樂觀的選擇。

準備工作④

留意周遭人的眼光

留意周遭人的眼光、聽取意見，能提升做出不後悔選擇的機率。注意與周遭人的關係，可以預防錯誤的自以為是，導致失敗。

做出不後悔選擇的第四個準備是，「想像有人注視著你」。

在外上完廁所、洗手時，不自覺地整理頭髮，確認鏡中的自己服裝儀容有無不整，你應該也有這樣的經驗吧？

明明沒有其他人在旁邊看，但是卻在意他人眼光，這種潛在意識是人類自史前時代群體生活以來就具備的本能。

而最新的研究指出，我們的大腦藉由想像「有其他人注視著自己」來提升掌管理解和判斷的認知功能。

也就是說，在做選擇時，**想像「假如有人針對這個的選擇進行評價」，就能提高做出理性判斷的機率。**

比方說，在快做出違反倫理道德的錯誤行爲時，想像「自己的母親、另一半、祖父、祖母看到會怎麼想」，便能多少阻止自己做出衝動的行爲。

再把「想像有其他人評價自己」往前推進一步，也可以**直接創造讓你信賴的人看得到你的環境**。

比方說，假如你的目標是說一口流利的英文，就到補習班上課，結交學習夥伴，或是在社群網站上，隨時向朋友展示學習的進度。

如此一來，當你即將做出妨礙學習英語會話的決定時，就會出現不希望朋友或周遭人覺得自己「果然偷懶了」「又半途而廢了」的想法，而提高持續學習的機率。

站在第三方立場提供建議

利用第三者看法的方法稱爲「第三方建議」，其效果經由耶路撒冷大學的研究獲得了證實。

研究者將受試者分成兩組，並提示「你要不要買車？」「你要不要做這份工作？」「你要不要向長年的交往對象求婚？」等各種不同選項的情境，請他們做選擇。

這時，他們請第一組的受試者當作是自己的事情做決定；然後請第二組受試者，想像如果是值得信賴的朋友面臨抉擇時，自己會給對方什麼樣的建議。

結果第一組受試者出現很多「應該要買車」「應該要選這份工作」「應該要求婚」等極爲獨斷的選擇；另一方面，第二組受試者則是「車子等有小孩之後再買」「現在就業市場供過於求，不需要急著找工作」「求婚等錢存夠了再說」等，依據理性的判斷做出了不後悔的選擇。

從這個實驗結果來看，「第三方建議」可以說是藉由聽取第三者的意見做出明智判斷的好方法。

比起只聽取一位他人的意見，向更多人請教、尋求意見當然更有效。將自己與第三方的關係納入考量，會比一個人更能冷靜地思考，選項也會跟著增加。

雖說如此，有時也會出現無法坦然接受第三方意見的情況。這時賓州大學的研究便派上用場了。

研究者將受試者分成兩組，請他們向醫生徵求健康管理的相關建議。他們請第一組受試者在諮詢醫生之前，先思考對自己而言重要的事物（家人、工作、信仰、情人、寵物等）；而另一組受試者則無須事先思考，直接向醫生諮詢。

然後研究者調查了兩組受試者的大腦，他們發現，思考了重要事物的組別，在諮詢醫生時，前額葉內側出現了活化反應，在實驗結束後一個月，也持續實行醫生提供的建議。

大腦的前額葉內側是處理「跟自己相關資訊」的部位。這部位產生了活化反應，代表受試者誠摯地接受醫生的建議。也就是說，**當我們思考對自己重要的事情時，大腦處理「跟自己相關資訊」的部位就會產生積極反應**。這是因爲傾聽了他人的建議，把它當作是自己的事情試圖深入理解，才會出現這樣的現象。

留意周遭的眼光，然後聽取第三方的意見，或試著站在他人的立場思考。

只要留意這點，思考自己與他人之間的關係中身處的狀況，便能踏出不後悔選擇的第一步。

準備工作⑤

試著想像未來的自己

如果對眼前的選項感到迷惘，就試著想像未來的自己吧。當理想自我的樣貌成形了，只要依此來思考該怎麼做選擇，就能越接近理想狀態。

做出不後悔選擇的第五個準備，就是「養成想像未來自己的習慣」。

做選擇時，**請試著想像這個選擇，會對未來的自己帶來什麼樣的影響**。

這是將腦中情緒和衝動，與選擇切割開來、分別看待的技巧。

爲什麼想像未來有效呢？

接下來介紹的研究能提供證明。

以下是波士頓大學針對三歲到五歲孩子進行的實驗。研究者將孩子分爲以下四組。

❶試著思考不久之前的自己。（那天上午我做了什麼？）

❷試著思考不久以後未來的自己。（明天上午我要做什麼？）

❸試著思考遙遠未來的自己。（長大成人的自己，會做什麼樣的工作？）

❹試著思考現在的自己。（我現在的心情如何？）

然後請各組孩子分別思考自己的過去或未來，過了五分鐘後，進行以下測試，確認他們的選擇能力出現了什麼樣的變化。

前瞻性記憶（prospective memory）**測試**：給予「三十分鐘後才能打開這個箱子」的指示，確認受試者是否記得。

心理時間旅行（mental time travel）**測試**：請受試者回答問題，「假如下禮拜要去森林或雪山旅行，應該要帶上什麼呢？」

雙曲折現（hyperbolic discounting）**測試**：告知受試者「你現在只要忍住不吃餅乾，明天就給你兩片」，確認受試者忍不忍得住。

上述測試都是在調查受試者「能否依據情況做出理性的選擇」。

實驗的結果顯示，思考「不久以後未來」的孩子記憶力增加，理性選擇的能力也提高了。

你的選擇會對10分鐘、10個月、10年之後的未來，帶來什麼影響？

爲什麼會出現這樣的效果呢？研究者指出，**因為想像不久的未來，能讓理想自我的樣貌變得清晰可見**。

比方說，假如是「現在只要忍住不吃餅乾，明天就可以拿到兩片」的情況，只要想像明天早上會獲得兩片餅乾，畫面就會變得很眞實。

如此一來，便能夠做出「現在忍住不吃，明天獲得兩片餅乾」這個理性的選擇。

像這樣**藉由想像未來，引導出理性選擇的技巧稱為「10・10・10」**，是由美國記者蘇西・威爾許所提出。

蘇西的另一半傑克・威爾許，是世界屈指可數的大企業奇異公司的前執行長。

蘇西在她的著作中介紹了煩惱婚事的人、在重要會議的日子碰到父母生病的人等，在各種面臨重大抉擇時，使用了「10．10．10」技巧克服難關的例子。

這個技巧的概念非常簡單。也就是在面臨重要的抉擇時，請思考做了這個選擇，十分鐘後的自己會有什麼改變？做了這個決定，十個月後會不會後悔？循著這條道路前進，十年後的自己會幸福嗎？

我們在做影響人生這類重大決定時，也容易受到衝動、欲望、眼前利益等因素影響。正因爲如此，更需要從短期、中期、長期這三種未來的觀點，把選項分析清楚。

從不同的時間軸來思考，想像未來的自己，就能做出理性的選擇。

「10-10-10」對克制半夜吃宵夜也很有效

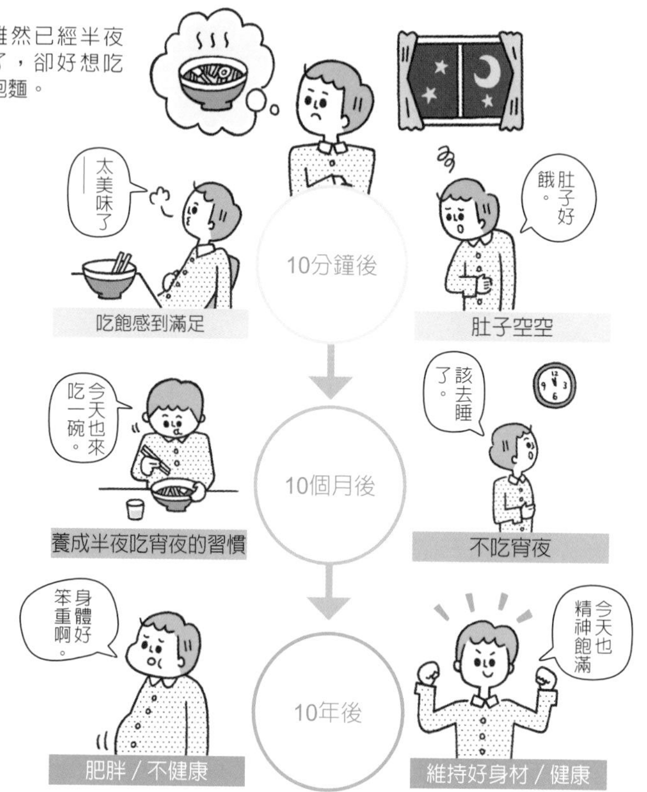

讓克制衝動、理性判斷成為可能

「10分鐘後會變成怎樣？」「10個月後會變成怎樣？」「10年後會變成怎樣？」從短期、中期、長期的角度來思考，便能夠冷靜地判斷，現在吃泡麵是否為理性的選項。

準備工作⑥

具體描繪計畫與成本

毫無目的地思考，只會做出不理性的選擇，後悔不已。為了避免這種情況，列出應該做的事的具體內容，或是思考這件事該不該做，就變得很重要。

做出不後悔選擇的第六個準備，就是具體描繪計畫與成本。

比方說，你正在計畫讓自己養成一些新生活習慣，例如：「爲了身體健康，想養成運動習慣」「想吸收更多知識，養成定期閱讀習慣」等。但就算年初訂定了目標，恐怕到春天計畫就夭折了吧。新習慣的養成一向不是一件容易的事。

因爲即便想養成新習慣，卻只有「要運動」「要閱讀」這種**模糊不清的計畫，無法讓大腦持續選擇實踐新習慣**。

「雖然說要運動，但是要怎麼開始呢？」像這樣，在猶疑的時候就會選擇「先悠哉一下好了」這種輕鬆的選項。因此我建議大家**把計畫具體寫出來**。

比方說，我一起床馬上就做衝刺間歇訓練（sprint interval training，SIT，三十秒全力衝刺運動，然後休息三分鐘的訓練法）這種高強度運動。然後服用多種營養補充品、兩公升的水，以及一杯咖啡以攝取咖啡因。

我雖然養成每天早上八點到八點半之間做這些事情的習慣，但爲了確保能天天實踐，我會把實行步驟以及營養補充品攝取的種類跟數量，填寫到谷歌日曆，跟著排程內容照做。

當計畫寫成必須具體實行的事項後，只要看到排程，每天就不得不去做。

然後反覆這些步驟，進而養成了早晨運動的習慣。

閱讀習慣也一樣。比方說，決定「每天早上讀一本書」之後，就把應該採取的行動按步驟具體寫出來。例如：

❶ 早上做完運動後，馬上就到放置踏步機的地方。
❷ 一邊踩踏步機，一邊打開書本。
❸ 一邊踩踏步機，一邊閱讀，持續二十五分鐘。

只是寫下「每天早上閱讀」是不夠的。我們可能會用「想睡」「昨天喝太多了」等理由，而不選擇閱讀這個選項，繼續睡回籠覺。如此一來，晨間閱讀的習慣養成計畫便會夭折。

項。

計畫越明確，大腦越會照著做

只要細節越具體，計畫就越明確；計畫越明確，大腦越容易選擇那個選項。

因爲**不明確的選項，給人選擇其他選項的餘地**。

你計畫養成某個習慣，結果卻不太順利時，那並不是因爲你偷懶，而是計畫不夠具體，使大腦無法選擇應該選擇的選項罷了。

比方說，假如是準備證照考試，計畫必須具體到這樣的程度——

「每天至少花三十分鐘在證照考試的準備上。」

「回到家馬上到書桌前，放下包包，換衣服，坐下來打開教材。」

「計時三十分鐘，念書。」

「吃完早餐馬上坐到電腦前面。」

「開啓購買好的線上課程，上三十分鐘的課。」

我的意思並不是叫各位把行程塞滿，而是把應該選的選項、必須做的事情，所有步驟明確寫出來。

步驟的具體程度，請以讓人覺得「有必要做到這樣嗎？」作為目標吧。

我會把訂定好的具體計畫寫到谷歌日曆，用手機就可以查看。寫到記事本上當然也可以，重要的是，在理性的選擇能夠確實實行之前，每天寫下具體步驟。

比方說，把隔天必須做的事情寫在紙上，然後折起來放到口袋裡，有空的時候拿出來看一看。

只要讓計畫明確化，大腦自然就會往你期望的方向前進。

將時間換算成金錢，提醒自己不要浪費

用成本與效益來判斷，也是幫助自己做出正確選擇的有效方法。

成本與效益指的是將行動上花費的時間換算成金錢，判斷選項是否值得選擇。

比方說，假設你在公司一天工作八小時，通勤單程一小時，來回要兩小時。如果工作天數爲二十一天，一個月就有兩百一十個小時花在工作上。假設你稅後實領的薪資爲四萬元，則一小時的收入大約將近兩百元，也就是說，你一小時生產的金錢價值爲兩百元左右。

假設一碗兩百二十元的日本人氣拉麵店要排隊一個小時，一碗拉麵的價格再加上你一小時的工資，吃那碗拉麵的成本就將近拉麵本身價格的兩倍。

雖然排隊可以得到「吃到美味拉麵」的相應價值，但如果選擇不用排隊的店，三十分鐘吃完，把剩下的三十分鐘拿去讀書或休息，就成本與效益來說也是不錯的選擇。

當然，爲了那碗拉麵，花一個小時排隊也願意，或是只要吃到那碗拉麵，就能獲得滿足的話，花一個小時排隊絕對不會是錯誤的選項。

然而，如果你的熱衷程度僅止於「好像很好吃的樣子」「排隊店應該很好吃吧」，吃完後無法獲得相應的滿足感時，你失去的不只是排隊的時間，還有你原本可以把這段時間拿去投資自己或工作所獲得的金錢價值。

無論是什麼樣的人，一天也一樣只有二十四個小時。時間不好量化、很難掌握，因此把時間換算成金錢是有效的方法。

把時間換算成金錢，能讓你看到一分鐘、十分鐘、一小時有多少價值。以此為標準來評估，問問自己：「這個選項真的值得嗎？」明確的衡量標準，能幫助你做出更好的選擇。

用成本與效益分析選項做選擇

選項①

看1小時的電視

因為無事可做，所以看電視。雖然看電視可以紓壓放鬆，但是有200元的價值嗎？

例：時薪200元的打工族

不知道應該採取何種行動時，衡量成本（時間、費用）與效益（利益、好處），可以作為不後悔的選擇標準。

選項②

把這1小時拿去準備證照考試

用功念書，取得證照，如果因此找到薪水較高的工作，非常有價值。

選項③

把這1小時拿去慢跑

運動若能延長壽命，跑步1小時的價值大於200元。

你那看似微不足道的1小時，其實可以換算成金錢。換算成金錢，能讓選項變得更為具體明確。

Let's try
試試看
02

客觀觀察自己的訓練法

效果

持續力提升
★★★

客觀力提升
★★★★★

透過影片記錄自己的行爲，能客觀地觀察自己。

STEP 1

在採取任何行動之前，先開啓手機等其他具攝影功能的機器。

開始拍攝自己。

然後實況轉播自己的選擇與行為，「接下來我要到自己的房間，坐下來，打開證照考試的書」。

STEP 2

設定好計時器，開始行動。

然後實際走進房間，坐在書桌前，宣告「接下來的三十分鐘，我要準備證照考試」。設定好計時器之後，開始讀書。

STEP 3

在三十分鐘結束前，持續拍攝自己，記錄自己的行為。

持續做那天決定好要做的事情，結束之後停止拍攝。

在隔天讀書前，先觀看自拍的影片。

不需要全部看完，只要看開始的幾分鐘，或結束前幾分鐘就好，如此便能明確知道自己接下來應該如何做選擇。

這是正向心理學研究提倡的「流程視覺化」手法。明確認知到正向的結果，就能提高目標達成率。

總結

藉由自拍影片客觀地自我觀察，不僅能提高做出理性判斷的機率，也能從第三方的角度客觀地分析選擇的合理性。

第三章

養成好習慣，做出不後悔的選擇

習慣可以改變人生。新習慣的養成必須下工夫，
一旦養成，就會成為你的助力。
習慣可以開拓視野，塑造專注於做選擇的環境，
自然而然就能做出不後悔的選擇。

introduction

習慣是改變人生的原動力

只要養成一些好習慣，便能做出不後悔的選擇，你想不想實踐看看呢？本章將為大家介紹如何培養提高選擇力的好習慣。

無論是好是壞，習慣都會大大地改變人生的方向。

大家都知道，有抽菸習慣的人和沒有抽菸習慣的人相比，罹患癌症的機率較高。因此醫生都會警告抽菸可能帶來的風險，家人也會勸說。

即便如此，有些人卻持續選擇抽菸，從人們有行使做蠢事權利的角度來看，這樣的行爲並沒有錯，老菸槍只是做出了縮短壽命的選擇。

相反的，成功戒菸的人因爲養成不抽菸的新習慣，獲得比過去更健康的生活。決定戒菸的心境變化因人而異，但我們可以說是新習慣把人生引導到更好的方向。

我認識一位事業成功的經營者，當他感到氣餒時，並不會認爲「不得不做什麼」，而是對自己說「只要堅持下去，一定可以獲得好成果」「無論做了什麼樣的選擇，今後所採取的行動是能改變結果的」，養成對自己信心喊話的習慣。

就像抽菸這種生活習慣，以及我友人這樣的思考習慣等，在無意識之下或是刻意養成的各種習慣，會對你的選擇帶來非常大的影響。而且，**為了讓自己**

做出不後悔的選擇，養成容易做出理性選擇的習慣十分重要。

本章將介紹三個對做出不後悔選擇相當有幫助的習慣，行動準則如下：

1. 養成「準備多個樣本」的習慣。
2. 養成「在中午前做好困難決定」的習慣。
3. 養成「針對焦慮不安採取對策」的習慣。

要固定新的習慣，需要花上一段時間。

重要的是即使進步緩慢，也要持續努力培養。如此一來，便能在不知不覺中自然養成。

此外，以下三點對養成習慣相當重要。

1. **具體的計畫，明確知道何時、何地、做什麼、如何進行。**
2. **專注於一件事情上。**

❸ 理解習慣成自然，需要花上一段時間。

如俗語「魚與熊掌不可兼得」所說，什麼都想要是禁忌。以下將爲大家介紹的三個習慣也是一樣，循序漸進、持之以恆做下去是重點。

這些習慣一旦固定下來，帶來的效果非凡。以下的好習慣能從旁協助你做出不後悔的選擇。

好習慣①

養成準備多個樣本的習慣

先入為主的成見（偏誤）會壓縮我們的選項。養成準備多個樣本（判斷資料）的習慣，讓我們能以更寬廣的視野做選擇。

習慣準備多個樣本（判斷資料），能幫助我們去除因成見帶來的弊病。

想做出不後悔的選擇，爲什麼需要多個樣本呢？從第一印象的例子來看，應該很好理解理由何在。

比方說，請試著想像這樣的場景：爲了慶祝重要的人生日，你狠下心訂了一家高級旅館，有點緊張地到了那裡。旅館的女主人配合預定抵達時間，在大門口迎接你們。

你內心想著「高級旅館果然就是不一樣」，辦完入住手續，在服務人員帶領你們前往房間時，你應該會覺得「雖然住宿費用貴了點，但訂這間旅館眞是選對了」。

當人在異地感到緊張時，像這樣受到溫暖貼心的服務，感受到的喜悅和安心感就會變得特別強烈，並對陌生的人事物留下深刻的好印象。

這是「初始效應」（primacy effect）的心理現象。

我們和第一次見面的對象碰面時，大約七秒鐘就會無意識地形成第一印象，而且據說初次見面的印象大概會維持半年。

提供一流服務的業者都是運用經驗法則，或是這種「初始效應」的心理學技巧。

善於做簡報的商務人士。

不知爲何能帶動會議氣氛的同事。

比起維繫舊客戶，更擅長開發新客戶的業務。

外表普通，卻很受歡迎的人……

他們都在初次見面的互動下了工夫，因此給對方留下好印象。

令人驚訝的是，**我們之所以受到初始效應的影響，而認為對方是「好人」，是因為腦中產生了「驗證性偏誤」**。

驗證性偏誤會讓我們尋找「好人」好的地方，「親切的人」親切的地方，「優秀的人」優秀的地方。

比方說，高級旅館女主人出來迎接、辦理完入住手續後，即便房間有不完善之處、餐點跟預期有落差，也會因爲跳脫不出最初的好印象，而繼續覺得「這裡眞是個好地方」。即便料理吃起來很普通，也會覺得「庭園的青苔花了很多工夫整理」「盥洗備品感覺好高級」等，眼中只看得見好的地方，而無法客觀地進行評價。

一旦這樣，做出不後悔、理性選擇的機率，幾乎低到不可能。

就像沒有給人留下糟糕第一印象的騙婚詐欺犯，或是初次見面就愛理不理的惡質業務人員，即便對方給你的第一印象很好，也無法斷言他一定就是好人。

正因爲如此，**為了不被第一印象所迷惑，冷靜地做出判斷，準備多個參考樣本很重要。**

順帶一提，我也是受惠於初始效應和驗證性偏誤的人之一。因爲當觀衆覺得電視上的我「發言精闢」「能夠提出有建設性的建議」時，之後也會持續尋找讀心師 DaiGo 的優點。

比方說，我這個人有個大缺點，那就是沒有時間概念。

如果在會議的集合時間遲到，一般來說大多會被認爲是沒禮貌的人，但多虧了初始效應和驗證性偏誤，大家會覺得我「跟普通人不一樣」而願意容忍，然後之後我再說些挽回形象的話，便能強化「他這個人說話眞是精闢」的印象。

相反的，如果因爲初始效應給人留下不好的第一印象，比方說，一旦被評爲「不懂察言觀色的人」，對方之後就只會看到你不好的一面。

無論是正面評價還是負面評價，人都容易受到第一印象的誤導，在評價他人時出現「這個人就是○○」的成見。

這當然不只出現於對人的評價上，在做選擇時也會出現同樣的現象。一旦出現「這個選擇就是○○」的成見，便很難推翻那種判斷。

因爲人容易不自覺地以爲「自己的選擇是正確的」，用有色眼鏡觀察事物。

想跟大家一樣的心理

需要多個樣本的理由，除了初始效應和驗證性偏誤之外，還有一個就是「社會評價」。

網路上的評論、職場和學校等社群的傳言，都對我們的選擇帶來非常大的影響。

「大家都說好吃，準沒錯。」

「這個人說那個人很棒，他一定是很厲害的人。」

「大家都說那裡很糟，還是不要去比較好。」

你是不是也像這樣思考過事物並做選擇呢？這種**「想跟周遭一樣」的心理叫作「社會認同」（social proof），在不熟悉的環境時，這種心理現象更是明顯。**

比方說第一次出國旅行，下飛機之後，在機場不知道要往哪裡走的時候，你應該會環視四周吧。比起告示牌的資訊，只要找到大部分旅客的行進方向就會感到莫名安心，然後跟著大家走。

這個例子就是以爲「多數人的選擇就是正確的」，因社會認同的心理現象所引發的行爲。

此外，零售店家的熱銷商品排行榜的告示，也是利用社會認同去刺激消費。

購買沒使用過的商品時更會在意他人的評價——「大家都買

危險的第一印象誤導選擇

印象是可以操作的　但是……　好印象≠好選擇

在心裡留下深刻第一印象的心理現象，稱為「初始效應」，無論那個印象是好是壞，人都容易依據最初的印象做判斷或評價。

看起來像是好人，其實內在是壞蛋也是有可能的。尤其在商場，大多數人都會想盡辦法給人好印象。

的東西應該沒問題吧？」未經冷靜分析就買下去了，導致經常發生「因爲評價很好所以買來試試看，結果很普通」的情況。

別人的評價或評論未必值得信任，因為那些都是前述初始效應和驗證性偏誤所產生的印象聚集物而已。

在購買商品前會注意到銷售排行榜的人，當發現自己想要的東西沒出現在榜上時，就會隱約感到不安；相反的，若商品出現在排行榜上就會安心買下去。

但大家做的選擇未必就一定是好的，看某世界大國的總統選舉結果就可以知道，世界上各種事例都證明了這道理。

人的大腦非常容易受到偏誤的影響，而直覺地選擇「就是這個」的選項。

為減少選擇跟大家一樣的選項，而發生「選錯了」「感到後悔」的情況，養成準備多個參考樣本的習慣是有必要的。

站在不同立場思考

具體來說，準備多個樣本應該要怎麼做呢？

比方說，當你發現肚子的肥肉越來越多，決定該減肥的時候，有無限多個選項。例如：減少進食量、限醣飲食、運動、上健身房、在網路上搜尋減肥法、嘗試電視上火紅的〇〇減肥法……

然而，**人在評估多個選項時，容易不自覺地選擇別人推薦、自己也覺得「好像不錯」的方法**。

當身邊有減肥成功的朋友推薦高麗菜減肥法時，就會發生初始效應，覺得「這好厲害」，出現「我也來試試高麗菜減肥法」的想法。

但偏重一種食材的減肥法，就算體重短時間內減下來了，卻有很高的復胖機率。這樣的知識，只要讀過一兩本立場客觀的減肥書就可以知道。

像這樣，只要養成準備多個參考樣本的習慣，便能夠避免做出衝動且不理性的決定。

習得多元化思考的方法

①蒐集不同的意見

試著懷疑自己的想法

聽取與自己完全相反的意見，能讓自己停下腳步，冷靜地思考選擇是否真的正確。

②站在他人的立場

試著從不同的角度來思考

站在他人的立場思考，能找到本來沒想到的想法。

③閱讀兩種以上的文獻

參考有科學依據的資料

以科學為基礎，而非個人的主觀立場，站在客觀的立場進行分析。科學依據可以幫助我們擺脫成見的束縛。

如果是閱讀書籍，請不要只讀一本，也請閱讀跟手上那本書立場相反、有科學依據的書籍。

如果是經驗談，成功與失敗雙方立場的人都要請教。將第二意見、第三意見納入考量，再判定哪個說法有說服力是很重要的。

科學依據的有無，對理性選擇而言尤其重要。像是持續運動和限制卡路里的功效皆已獲得科學證實，是值得信賴的減肥法。

另一方面，每年都會出現的奇特減肥法，大部分都難以持續。在達成減重目標之前，當事人就失去了幹勁，因此復胖的情況非常多。

在尋找做選擇依據的多個判斷資訊時，不是只能從別人的意見、書或網路取得，也可以藉由站在他人立場思考的方法來獲得。

面臨抉擇時，試著站在不同的立場思考看看：

「如果是別人，他會怎麼想？」

「如果是主管，他會怎麼想？」

「如果是跟自己立場相反的人，他會怎麼想？」

「如果是把自己視為競爭對手的人，他會怎麼想？」

「如果是自己的粉絲，他會怎麼想？」

從不同的角度來思考，可以察覺到其他多元的想法。像這樣，養成**蒐集多個判斷資訊**的習慣吧。透過這些方法應該能輕鬆察覺到偏誤帶來的成見，客觀且理性地進行分析與判斷。

好習慣②

在中午前做好困難的決定

我們整天都在做各種選擇，本篇將關注「做選擇的時段」。養成在中午前做好決定的習慣，能幫助你改善「決策疲乏」的問題。

爲做出不後悔的選擇養成的第二個好習慣是，「在中午前做好困難的決定」。

哥倫比亞大學的席娜．艾恩嘉教授做了以下有趣的實驗。

艾恩嘉教授的研究團隊，在超市的試吃區分別陳列六種果醬以及二十四種果醬，比較兩者的銷售額是否有差異。

調查結果顯示，果醬的種類越豐富，前來試吃的顧客越多。

從這個結果來看，選項越多的試吃區，可以吸引較多的人。然而，調查試吃後有多少顧客購買時，結果卻完全相反。陳列較少果醬種類的銷售額，比陳列較多果醬種類要來得好。

這個實驗結果後來被稱爲「果醬法則」，影響了各種商業的行銷策略。

現在普遍認爲，比起豐富多元的選項，限縮選擇數量比較能帶動業績買氣。

理由在於過多的選項會剝奪人對事物的判斷力，讓我們陷入無法做選擇的狀態。

我們每天會做出大約七十幾個影響人生的選擇。
在那當中也包含了對大多數人來說難以果斷抉擇的問題，像是：
應該換工作嗎？
差不多該決定要不要結婚了吧？
拿到錄取通知了，要進這間公司嗎？
當我們在日常生活中不斷在「做／不做」「決定／無法決定」「該選A、B，還是C呢？」這些抉擇間打轉，判斷力就會不斷降低，甚至陷入無法集中精神做事的狀態。
大部分的人在早上出門時都充滿幹勁，但過了午休時間，到快下班的時候就會感到疲憊。
這時判斷力降低，也是理所當然的。

當選項過多，會不知該如何選擇

在席娜．艾恩嘉與史丹佛大學強納森．勒瓦弗的共同研究當中，他們以德國的新車展示中心為舞台，進行了以下實驗。

受試者是實際花錢購買轎車的消費者，他們在購買新車的過程，必須從各種客製化選項中做選擇。

1. 四個種類的排檔桿頭，要選哪一種？
2. 十三個種類的方向盤，要選哪一種設計？
3. 引擎蓋內的引擎和變速的二十五種組合，要選哪一種？
4. 車子內裝顏色和素材的五十六種組合，要選哪一種？

購買新車的人，一開始會比較多個選項謹慎地做選擇。但是在反覆不斷的選擇當中，受試者會逐漸選擇車子的預設選項。

尤其是一開始就從五十六種內裝選擇的受試者，越早出現疲乏現象，在較早階段就會選擇初始設定的選項。

相反的，從四個種類的排檔桿頭開始選的話，有較多受試者會持續努力選擇。

順帶一提，依據受試者有多少選擇意願，改變提示選項的時間點，能成功引導受試者選擇期望的預設選項。

如這兩個實驗所示，當選項過多時，人會把做選擇這件事情往後延。**但大腦不會忘記要做選擇，因此我們會一邊想「必須做選擇」，一邊思考其他事情，使大腦感到疲憊而失去判斷力。**

在判斷力低落的狀態下，當然容易做出讓人後悔的選擇。

爲此，必須在還沒出現選擇疲乏之前，也就是在中午前做困難的決定。因爲有餘裕，所以能不延後做選擇，在不疲憊的情況下做出理性的決定。

持續不斷做選擇，容易疲憊而放棄思考

實際上，有研究顯示了中午前做決定的重要性。

美國史丹佛大學的強納森．勒瓦弗與以色列本古里安大學的夏伊．丹齊格，針對以色列監獄的假釋審判進行調查。假釋是判斷是否讓受刑人恢復自由的重要決定。

他們花費一年的時間，研究一千件以上的假釋案例，結果發現了某種特定模式。

首先，假釋通過的件數大約是假釋申請件數的三分之一。而獲得假釋的受刑人約有七〇％，是在中午前較早的時間進行審判；另一方面，在下午較晚的時間進行審判而獲得假釋的受刑人，只占了整體一〇％不到。

兩位研究者表示，法官身為審判者，他們的言行舉止並沒有惡意或異常。審判時間不同而出現差異的情況，跟不斷進行重要選擇的法官出現「決策疲勞」有關。

也就是說，假釋審判的結果，相對於受刑人的族群背景、犯罪、判決內容、在監獄裡的生活態度，審判時間帶來的影響較大。

這種「決策疲乏」影響了所有人日常生活中的決策。而且當疲乏達到頂峰時，決策這件事情就會變得麻煩，使我們容易傾向不比較評估，就衝動做出決定，或是迴避做選擇。

法官之所以在下午較晚的時間不同意假釋，並不是因爲評估受刑人有再犯的可能性，而是因爲沒有餘力進行比較評估。法官們可以說是因爲「決策疲勞」而選擇了輕鬆的選項。

從以上研究結果，應該能理解到「在中午前做好困難的決定」這個習慣的重要性。

在早上決定好一天的行程

腦科學研究指出，起床後的兩個小時左右是頭腦最清楚的時候。

其中，**吃完早餐後的三十分鐘左右，又稱為「大腦黃金時段」**。這三十分鐘是一天當中自我控制力和選擇力最高的時段。當你想開始做點新嘗試，或是做影響人生的重大決定時，請有效活用這三十分鐘。

想有效利用大腦黃金時段，第一件事情就是早起。**並且把一天的行程安排好，讓早餐過後的三十分鐘到一小時，作為仔細思考重要決定的時間**。

假如你的生活型態是早上八點出門前往公司，建議你養成這樣的習慣：六點起床吃完早餐，利用六點半到七點半之間的一個小時，集中精神做出判斷。

頭腦清晰的狀態會在早餐飯後三十分鐘達到顛峰，在那之後大約可持續四個小時。假如六點起床、七點吃完早餐，大概到十一點左右的這段時間，適合進行思考。

之後判斷力會逐漸下降，難以針對複雜的選擇進行判斷。所以**盡量在早上**

精神好的狀態時規畫一天的行程。

在判斷力尚未鈍化的上午，預測那天可能發生的事，做好準備。到公司之後，你要先做什麼工作？打算在幾點之前做完？下一件工作是什麼？

在早上頭腦清楚的時間，規畫好明確的行動計畫，也能預防不必要的決策疲勞。

盡量把規畫好的計畫寫在紙上。如此一來，即便遇到事情未能按計畫進行的情況也不會因此慌亂，能夠冷靜應對。

有些人可能會擔心，行動計畫規畫得太細，當偏離原定計畫時，會不會反而慌了手腳？但其實正好相反，有明確的計畫，行程安排才好調整，能毫不猶豫地採取行動。

在中午前做好困難的決定。

在早上就規畫好一天的行動計畫。

養成這兩個習慣，能預防不必要的決策疲勞，避免「那個時候如果冷靜思考，就不會做出那樣的選擇了……」這種情況發生。

迴避決策疲勞，保持頭腦清醒的技巧

①規畫好一天行程

預先規畫好一天的行程，按行程安排採取行動，遇到需要做選擇時，就不會猶豫不決。

②訂定一套自己的原則

早餐吃麵包和咖啡，中午喝紅茶等，針對每天要做的事情，訂定一套自己的原則，便能迴避決策疲勞。

③東西不要多

當包包裡放了多枝原子筆或自動鉛筆，會讓人猶豫不知道要用哪一枝。外出只帶一枝筆，選擇果斷不猶疑。

好習慣③

針對不安採取對策

當人感到不安時，容易因為焦慮而選擇短視近利的解決對策。陷入危機時是負面看待還是正面迎擊，會對決策品質帶來極大差異。

第三個好習慣是「針對不安採取對策」。

不安會遮蔽你的雙眼，容易做出後悔的選擇。

心理狀態經常焦慮不安的人、凡事總愛朝負面思考的人，不易察覺身邊環境與狀況的變化。知名心理學家兼行爲經濟學家康納曼博士的研究也顯示，這樣的人難以接受新的價值觀或做法。

無關選項的多寡，受到不安情緒影響的人本來就會因爲警覺性高、想太多，而無法採取任何行動。也就是說，放任焦慮不安的狀態不管，容易讓人延後做選擇，採取行動的次數也會減少。

同時也會出現一種「負向偏誤」（negativity bias）的心理現象，讓人陷入負面思維，認爲「反正做了也沒用」「以前也失敗了」等，容易只看到不好的一面。在負面的心理狀態下做選擇、採取行動，就很有可能會失敗。

不採取任何對策，放任不安的心理狀態不管是絕對不行的。「下次可能也會失敗」這種負面情緒會妨礙理性思考，使「不後悔的選擇」離我們遠去。若想培養做出不後悔選擇的能力，就必須養成面對不安、採取對策的好習慣。

如果你覺得自己是比一般人容易感到不安的類型，請確認一下，有沒有以下列舉的三種成見。對成功、正確、安全等強烈執著，可能會因此讓你感到不安。

1. 沒有成果，就無法獲得周遭人的認可。
2. 人必須經常做正確的事情，不然會遭到否定。
3. 既安心又安全的狀態是理所當然的，人生處於不安且危險的狀態是不合常理的。

有這些成見的人容易執著於「正確」或「常理」，一旦出現偏離軌道的選項就會覺得不對勁。如果你覺得自己符合上述情況，可以採取以下對策。

首先，意識到負向偏誤的存在。然後，試著冷靜思考現在自己感受到的不安，真的是危機（生死攸關、影響信譽等）嗎？有必要把注意力放在那上頭嗎？請冷靜下來，試著想一下。

你如何解讀關鍵人物的表情變化？

請試著想像一下這樣的場景。

假如你要跟交易方開會卻遲到了幾分鐘。會議參加者都已經到齊，你一打開會議室的門，就看到交易方關鍵人物的臉上浮現出不知道是微笑還是苦笑的微妙表情。

交易方關鍵人物對你的到來，是感到開心呢？還是對你的遲到感到不滿？

你如何解讀關鍵人物臉上浮現出的笑容呢？

當負向偏誤的現象出現，就會覺得「對方在生氣」，這時候恐怕難以在會議保持平常心吧。也可能為了挽回局面而發言不慎，或是承諾自己明明做不到的事。

又或者是擔心受到關鍵人物的斥責，會議內容完全聽不進去，而犯下其他錯誤。

如果能正向看待事物，就會把關鍵人物的表情變化解讀爲「流露出安心的笑容」，能以輕鬆的心情參加會議。

像這樣，同樣的資訊會因爲解讀方式的不同，而看到截然不同的世界，做出的選擇也會有極大的差異。

隨時隨地都可做，用呼吸法處理不安的情緒

減緩焦慮不安的方法有兩種。一種是運用**呼吸法或冥想的心智訓練**。另一種是**改變詮釋的角度，將焦慮不安的情緒轉為力量**。

先介紹第一個呼吸法「心智訓練」（mental training）。

當人感到焦慮不安時，呼吸會變得又快又淺。這時交感神經會使血液循環變差，供應給大腦的新鮮氧氣開始遲滯，導致注意力、專注力、觀察力、判斷力下降。結果在高度不安的狀況下，失誤增加，而失誤的發生，讓人變得更加焦躁不安，而引發惡性循環。

想要斬斷惡性循環，就必須改變呼吸方式。慢慢地吐氣，慢慢地吸氣，只要重複幾次，便可以放鬆下來。

讓心情平靜下來的呼吸法有各種不同種類，接下來我將介紹一種**能輕鬆持續的呼吸法——「戰術呼吸法」（tactical breathing）**。

這是美國國防部正式採用的呼吸法，應用於訓練現場或戰場等第一線，讓

處於高度緊張狀態的美國士兵提高效率。

方法步驟如下：

❶ 嘴巴緊閉，用鼻子吸氣，默數四秒鐘。

❷ 閉氣默數四秒鐘。

❸ 吐氣默數四秒鐘。

❹ 閉氣默數四秒鐘。

在心情平靜下來之前，重複上述步驟。

這個呼吸法很簡單，卻已證實具有穩定脈搏、降低血壓、安定腦神經、消除壓力等效果。

不用特別挑選場所，在哪裡都可以做，當你覺得「好像有點緊張」「呼吸變得急淺短促」時，請試試看這個呼吸法。

幫助你快速恢復平靜的「戰術呼吸法」

此為美國國防部採用的呼吸法，已獲得證實具有穩定脈搏、降低血壓等各種功效，容易實踐為其特徵。

做法

1. 嘴巴緊閉，用鼻子吸氣，默數4秒鐘。
2. 閉氣默數4秒鐘。
3. 吐氣默數4秒鐘。
4. 閉氣默數4秒鐘。

在心情平靜下來之前，重複上述①到④的步驟。

要點

在心中默數4秒鐘

呼吸時，在心中默數能幫助我們將分散的注意力，集中在一件事情上，提高專注力。

感到焦慮不安時馬上做

「戰術呼吸法」不分時間場合，隨時隨地都能做。只要養成習慣，面對焦慮不安也能冷靜應對。

時間充裕時，就用靜心來消除不安

接著要介紹的是透過靜心進行心智訓練的方法。請大家利用起床之後、晚上睡覺之前等有餘裕時試試看。**腦科學研究已證實靜心具有提升注意力和判斷力的功效**。此外，心理學研究也發現靜心能幫助我們放鬆身心、管理壓力、控制衝動，提升自我覺察力，以及提高對焦慮不安的容忍度。

靜心重要的地方在於，即便做的時間不長，也要持續下去。以下介紹即便**第一次嘗試也好上手，名叫「數息觀」的靜心法**。

1. 肚子放鬆，小腹外凸，背部挺直端坐。
2. 將視線放在前方一．五公尺左右的地方，不對焦，不閉上眼睛。
3. 以一分鐘呼吸四到六次的速度，慢慢呼吸，一邊默數一邊吐氣。
4. 當吐氣默數到十的時候，就回到一重新開始。
5. 持續吐氣默數一到十。

❻當心思飄到其他地方時，就靜下心來，把注意力拉回到呼吸默數上。

第一次靜心的人思緒可能會飄來飄去，但請不要介意，繼續做下去。因為**練習把渙散的思緒拉回到呼吸上，能幫助我們在日常生活中思緒混亂時，快速調整呼吸。**習慣靜心法之後，可以把做的時間拉長，並逐漸增加次數。

關於靜心，我監製了一個iPhone專用、名叫「心智訓練」的手機應用軟體，可以一邊使用手機攝影功能，一邊靜心，非常簡單，歡迎大家試試看。

快速消除不安的靜心法

數息觀：佛教從中國傳入日本時，也帶來了這個靜心法。數息觀能幫助我們放鬆，提升注意力、判斷力，以及對焦慮不安的容忍度。

正確的姿勢
不閉上眼睛
肚子放鬆，小腹外凸
右手在下方
做法
1、2、3……
好，再一次。
背部挺直端坐，將視線放在前方1.5公尺左右的地方，不對焦。
以一分鐘呼吸4到6次的速度，慢慢呼吸，一邊吐氣一邊默數。
吐氣並默數1到10，當心思渙散時，就從頭開始。

把不安轉換成動力，引導出更好的選擇

第二個消除焦慮不安的對策，就是「改變解釋，將不安轉爲力量的方法」。

以下爲各位介紹德國所做的實驗。受試者爲一百九十四名德國人、兩百七十名德國記者，以及一百五十九名波蘭學生。

研究團隊詢問他們以下兩個問題：

1. 截止期限所帶來的焦慮不安，能幫助你在時間內完成工作或課題嗎？
2. 煩惱目標能否達成所帶來的焦慮不安，能幫助你集中精神，努力把事情做好嗎？

問這兩個問題的目的，在於釐清受試者是把焦慮不安的情緒當作達成目標的正面因素，或是妨礙工作的負面因素。

實驗結果發現，兩個問題都回答「是」，認爲焦慮不安的情緒是達成目標或提高動力不可或缺要素的人，成績相對優異，對工作或人生的滿意度也比較高。

因爲感到焦慮不安可以幫助集中精神，得以在期限內達成目標，研究團隊將這種正面看待焦慮不安的態度命名爲「焦慮動機」。他們指出，**從不同的角度來詮釋焦慮，可以提高我們的動機**。也就是說，焦慮在內心孕育了強大的能量。藉由改變觀點，找出正向因素的思考方式，在心理學稱爲「重新框架」（reframing）。

以下實驗展現重新框架的強大效果。哈佛大學的研究團隊讓學生參加「公開演說」「數學測驗」「卡拉ＯＫ」等容易感到緊張或焦慮的活動，然後檢測重新框架的效果。

他們指示學生，「當你感到焦慮時，請試著大喊：『我好興奮啊！』」結果大喊這句話的學生，在演講或唱卡拉ＯＫ的評價提升了一七％，數學成績提高了二二％。

之所以有這樣的結果，是因爲焦慮和興奮在身體產生的變化其實是一樣的。當我們感到焦慮時，身體機能會活化，例如：心跳加快，**因此能夠把焦慮當作興奮，進而減輕心理負擔**。

如果你因爲不安或焦慮而心跳加快時，請把它當作是「身體正在加快血液流動的速度，提高行動能力」。如此一來，便能增加對負面情緒的抵抗力，變成有辦法面對逆境的體質。我們的表現會因爲對身體變化詮釋角度的不同而有所差異。

就算做起來有點勉強，但只要養成重新框架的觀點、正面看待事物的習慣，便能成爲消除焦慮的因應對策。

順帶一提，**重新框架對於因工作或念書沒時間了而感到焦慮的人來說，也很有效**。

比方說，當工作堆積如山、感到焦慮時，請試著開口說：「我只是很興奮罷了。」將同樣的句子重複說三次，說服自己相信。這個時候就會燃起對工作的熱情，不但比提不起勁的狀態要來得更有工作效率，也能得到較好的成果。

此外，在大考前一刻感到焦慮時，請對自己說「我盡力了」，因爲考前焦慮是禁忌。「重新框架」帶來的正面情緒，能提高你的表現成果。

Let's try

試試看

03

善用早晨黃金時段

效果

持續力提升

★★★★★★

客觀力提升

★★★

以下介紹給各位的自我訓練法，是能有效利用早晨黃金時段的「艾維李時間管理法」。

這套方法的基本架構是「在一項工作完成之前，絕對不做其他工作」，將注意力集中在一件事情上。步驟如下：

STEP 1 在紙上寫下「今天必須完成的六項工作」。

STEP 2 針對那六個項目，按重要度以數字一到六排列順序。

STEP 3 然後按照順序工作。

STEP 4 如果沒辦法全部做完，不要覺得懊悔，忘掉它。

STEP 5　隔天再寫下新的六個項目。

STEP 6　重複①～⑤的步驟。

重點在於，在一項工作完成之前，不做其他工作。此外，那天沒做完的工作，移至隔天繼續做沒關係。

這個方法能預防一心多用造成大腦一片混亂，而能將注意力集中在一項工作上，心無旁騖地做出成果。

提出這套方法的艾維．李是活躍於二十世紀前半的經營管理顧問，也被後人稱爲「公關之父」。他將上述六個簡單步驟組成的時間管理法傳授給「想提高生產力，卻怎麼也得不到效果」的客戶。

總結

把這套方法應用在早晨的黃金時段，能幫助你度過沒有猶豫的一天，提高做出理性選擇的可能性。

第四章

避開削弱選擇力的五種陷阱

偏見在不知不覺中限制我們、削減判斷能力，

導致人做出後悔的選擇。

但並非束手無策。

只要知道有哪些思想偏誤，並隨時意識到它們的存在，

便能克服。

introduction

削弱選擇力的五種偏誤

偏見和思考偏誤，對我們的選擇影響深遠。現在也發現到，在我們心理狀態不穩定的時候，這些偏誤會帶來極大的影響。

雖然有點突然，但現在想請你騰出時間，試著回顧過去的人生。

至今你做了多少個決定？在那當中，有多少決定讓你感到後悔呢？

接著請你回想一下，在做出讓人後悔的選擇之前、你當下的心理狀態。

你在做決定的當下，是不是處於第二章介紹的壓力極大的邊緣狀態呢？這個決定是不是在「做得到是應該的」這種強烈外在壓力下的產物呢？

實際上，做選擇時的心理狀態，會對「選擇力」帶來非常大的影響。

心理學研究也已證實，當人感受到壓力時、投注了大量資金感到焦急、過度正面思考等，**在心理失衡的狀態下，容易做出後悔的選擇**。

但麻煩的地方是，**我們不擅長判斷自己是否處於心理失衡的狀態**。尤其是在做重大決定之前，應該沒有人能夠審視自己的心理狀態吧。而這樣的結果就是，在內外雙重壓力下，不知不覺中做出非理性的選擇而感到後悔。

造成這種結果的原因，就是利用經驗帶來的成見和偏見進行判斷，名叫「偏誤」的大腦機制。

每天都必須處理大量資訊的大腦，爲了能夠快速做出判斷，因而發展出利用偏誤做決定的機制，例如「之前這樣做，這次一定也不會錯」。**內心越沒有餘裕，大腦越想抄捷徑，因而產生偏誤，做出不理性的判斷**。

比方說，第三章談到的「負向偏誤」便是其中之一。負向偏誤指的是相對於正向事物，對負向事物反應較爲敏感的習慣長久累積下來、在大腦裡建構出的思考迴路。

對焦慮敏感的人，若在負向偏誤強烈時進行判斷，容易不自覺地把焦點放在負面事物上。

以下是導致做出後悔選擇的五種代表性偏誤。

1. **情緒偏誤**：不願面對不愉快的事實，總是採取肯定的意見。
2. **投射偏誤**：容易以當下的情緒爲中心，去計算未來可以得到多少幸福。
3. **沉沒成本偏誤**：爲了讓花費的金錢與時間回本，而持續做出會帶來損失的決定。

❹ **正常化偏誤**：即便發生了些許異常現象，也將之視為正常，以保持內心的平靜。

❺ **記憶偏誤**：依據過去扭曲的記憶，針對未來做出選擇。

只要清楚掌握這些偏誤來學習因應之道，無論處於何種心理狀態也能做出理性的判斷。

陷阱①

情緒偏誤

人的情緒隨時在變，心情好的時候、心情惡劣的時候、焦躁不安的時候、心平氣和的時候……各種情緒變化影響著我們的選擇。

偏誤會妨礙理性決策和邏輯判斷。

諾貝爾經濟學獎得主、認知心理學家康納曼，以一個簡單的算術問題爲例，說明我們容易落入偏誤的陷阱。

請閱讀以下問題，並於十五秒內回答。

「一根球棒和一顆棒球一組是一．一美元，球棒比棒球貴一美元，請問棒球的價格是多少？」

你覺得一顆棒球是多少錢？

康納曼實際做了這項實驗，大部分的人都會很有自信地馬上回答「棒球是○．一美元」。

但這個答案是錯的，正確答案是○．○五美元。球棒是一．○五美元，棒球○．○五美元。

如果你回答「○．一美元」，也不必感到太沮喪，因為這正是偏誤干擾判斷的典型例子。

在康納曼的實驗中，他也拿相同的問題去問哈佛大學、普林斯頓大學、麻省理工學院等一流大學的學生，有五〇%以上的人回答「〇．一美元」。**無關頭腦好壞、學習能力高低，偏誤就是會在特定的情況下擾亂人的選擇力、判斷力**。

這個問題必須在「十五秒內」回答的時間限制，也會讓人感到焦慮不安。在這種情況下，我們不會花時間仔細閱讀問題、在紙上寫出算式，而是交給康納曼所稱的「心理捷徑」（mental shortcut）快速做判斷。

像這個問題，心理捷徑就會回答：「一．一美元減一美元……棒球是〇．一美元！」

心理捷徑與其名稱相反，「捷徑」並不是快速且正確的探究，而是指相信一個答案或選擇，因而停止思考的狀態。

捷徑能輕鬆引導出看似正確的解答，也說服必須在十五秒內回答的自己接受這個答案。就像這樣，當下的狀況或焦躁的情緒會嚴重影響人的決策。

康納曼表示，人之所以會做出錯誤的決策，並不是愚蠢所引發的症狀，而是人性本質的因素，也可以說是大腦長期演化下來難以避免的副作用。

不同的心情面對相同的事情，態度可能180度大轉變

產生憤怒、焦躁、不安、喜悅、依賴等情緒時，會對人的選擇帶來極大的影響。悲觀時，我們會變得太過現實主義；焦慮時，容易相信自己直覺的選擇；憤怒時，判斷基準會變嚴格；高興時，判斷基準會變寬鬆。

此外，情緒不僅影響人的選擇，也會讓我們誤信錯誤資訊是正確的，影響我們認識事物的方式。

這些**情緒因素所導致的決策和認知的扭曲，就是情緒偏誤**。

比方說，你的辦公室有位前輩，一有機會就講諧音笑話。你心情好的時候，會把對方的行爲當作一片好心，「他可能是想幫忙炒熱氣氛吧」，能夠笑著向對方說：「又是諧音笑話嗎？」「還滿好笑的耶。」

但如果你正在跟交易對象嚴肅地協商，覺得壓力很大的時候；爲了趕上期限，被進度追得焦頭爛額的時候，前輩諧音笑話連環發，你會怎麼想呢？你應該會覺得「這傢伙搞不清楚狀況耶」「煩死了」，不由得生氣。

此外，也有這樣的例子，看到請育嬰假的同事，平時會真誠地說「恭喜」的人，在情緒低落時，可能會在網路社群寫下惡毒的話，「反正她在公司很閒」，而引發網路論戰。

這些都是情緒偏誤造成的現象，在心理學稱爲「心情一致性效果」（mood congruency effect）。我們認知事物的方式，會隨著心情的好壞而有所變化。

看待事物的方式改變了，當然也會影響之後的決策。

原本能做出理性選擇的人，在身體狀況不佳的時候，就算出了一點小事也可能變得很負面，而做出後悔的選擇。

那麼，該怎麼做才能避開情緒偏誤的陷阱呢？

賓州大學和杜克大學的跨校研究團隊，在決策相關期刊上發表了一篇「避開偏誤的準則」文章。

根據文章所述，有兩個方法能避開情緒偏誤。

第一個方法是，**對自己的認知、判斷會受到情緒左右有所自覺。**讀到這裡，你應該也已明白這個道理。

如第二章提到，人是無法抗拒衝動的脆弱生物，這點請謹記在心。清楚理解人一旦情緒化就會失去判斷能力，並做好「具備客觀的觀點」「想像未來的自己」的準備工作，對於做決策是很重要的。

另一個方法則是，**不要在壓力大的時候做重大決定**。

不只是憤怒、焦躁等負面情緒，肚子餓或疲勞等壓力，也都是造成理性選擇失敗的原因。

回顧過去做出的後悔選擇，應該可以發現，那些決策都處於某種壓力狀態下。感到有壓力，幾乎處於崩潰邊緣時所做的選擇，大多讓人後悔。

當你感到壓力非常大的時候，應該要清楚意識到現在不可以做選擇，必須延後判斷。這也是一種因應情緒偏誤的對策。

化情緒為助力，有效預防偏誤

當你覺得非常開心、充滿喜悅的時候，要特別小心留意。因爲**從情緒波動劇烈這點來看，開心和喜悅也是壓力的一種**。一旦過於樂觀、太過衝動、容易隨波逐流，便無法做出理性判斷。

典型的行爲就是衝動購物，特價期間一時興奮，「好便宜」「就像祭典一樣」「限期特賣好幸運」等感覺，會使判斷力下降，而購買了其實沒那麼必要的東西。雖說如此，日常生活當中，不可能沒有包含開心和喜悅等壓力。

因此，我們必須學會「化壓力爲助力」的思考與感受方式。

史丹佛大學的心理學家凱莉・麥高尼格指出，壓力讓人變得更聰明、更堅強，引導我們走向成功。此外，也有研究顯示，壓力有時具有激勵、提高專注力、提升選擇能力的效果。

比方說，試著把「好緊張，怎麼辦」的狀態，想作「這個壓力，能幫助我做出更好的決定」。**把壓力當作是挑戰眼前難題所需的推力，正面看待。**

情緒揭露：把壓力寫出來

只不過，要學會這種處理壓力的方法，需要花時間訓練。因此，以下將介紹一個能快速緩解壓力的方法。

當你面對某個狀況，感到有壓力時，請直接把你的心情寫出來。這個方法在心理學稱爲「情緒揭露」（emotional disclosure）。

「家裡打電話來，媽媽拐彎抹角地問：『有對象了嗎？』『有打算結婚嗎？』覺得很煩。」

「因爲客戶的無理要求，害我假日要上班，糟透了。」

「罵孩子時，一不小心太情緒化，說了傷人的話。我好厭惡這樣的自己。」

像這樣，再小的事情也無妨，不隱藏壓力和情緒波動，把想到的東西全部寫下來。手寫也好，使用手機的記事功能，或是在社群網站上發布貼文也可以。

情緒揭露這個緩解壓力的方法非常簡單，其效果也已獲得科學的證實。

此外，藉由記錄日常工作與生活中感受到的壓力來源，了解自己對什麼事情會感到有壓力，那時運用了什麼方法消除，這種「理解自己如何感受壓力」的方法也很有效，請大家一定要實踐看看。

你的選擇力沒問題嗎？確認你的壓力程度

壓力是妨礙決策的原因之一。以下項目全部都是感受到壓力時，反應在身體上的不舒服症狀。讓我們察覺壓力，採取因應對策。

項目		
①經常感冒	YES	NO
②有時會失眠	YES	NO
③肩頸痠痛嚴重	YES	NO
④手抖	YES	NO
⑤有時會呼吸困難	YES	NO
⑥偏頭痛	YES	NO
⑦手掌和腋下常出汗	YES	NO
⑧胃痛	YES	NO
⑨想吐	YES	NO
⑩不想接聽電話	YES	NO
⑪不想看電子郵件	YES	NO
⑫不想離開被窩	YES	NO
⑬總是想睡	YES	NO
⑭心情鬱悶	YES	NO

符合0～1項：沒有壓力。
符合2～5項：有輕微壓力。
符合6～10項：有重度壓力。
符合11～14項：有極度嚴重的壓力。

陷阱②

投射偏誤

今天的自己、明後天的自己、一個月後的自己，人都希望未來能比現在更幸福。但現在已知，就連那種未來的願景，也會受到偏誤的影響。

第二個陷阱是投射偏誤。

所謂投射偏誤（projection bias），是以當下的情緒為基礎，進行評估或選擇的心理現象，像是「未來一定會變成這樣」的想法。

比方說，假設有個投影機，在你眼前的牆壁上投射出，不久的將來自己處於某種狀況的模樣。

假如投射出的影像，是你在大學考試榜單上找不到自己的准考證號碼，覺得「人生完了……」，一臉沮喪的模樣，你有什麼感覺？

看到那樣的情景，想像未來的自己，你應該會浮現出自己因爲沒考上心目中的理想學校，所以也找不到理想的工作，走在糟糕人生道路上的身影。

如果投射在牆上的影像是「我是千萬富翁！」你中了一千萬的樂透、樂不可支的身影，你又會怎麼想？

看到那樣的情景，想像未來的自己，你應該會浮現出自己不工作、天天度假，過著幸福又快樂人生的身影。

牆壁上投射的影像是極端的例子。

但即便不是這種例子，投射偏誤也會隨著日常生活中的情緒，發生在各種不同的場合，例如「今天是平靜的一天，一年後也會這樣平靜吧」「我現在這麼有女人緣，以後也是萬人迷」等。

問題在於，用當下的情緒想像未來。但只要冷靜思考就知道，即便因大學落榜心情很差，人生也不是就此結束；就算中了樂透高興得快要升天，之後的人生也未必稱心如意。

遇到意想不到的意外或災害的人，會因爲當下的情緒而覺得自己沒有未來，這是可以理解的。人生可能會因爲一個突如其來的意外，一夕發生巨大的變化。

我們會因爲投射偏誤的影響，而用當下的情緒來思考未來。**那樣會使我們在過度悲觀或樂觀的狀態下，做出未來會感到後悔的選擇。**

投射偏誤讓人做出錯誤決策

投射偏誤的傾向在投資世界尤其明顯。

比方說，因爲虛擬貨幣飆漲而大賺一筆的人。他們以當下那個時間點的情緒爲基礎，樂觀地預測之後一定會繼續往上漲，而做出投資的決定。爲了做出不後悔的選擇，無論是選擇加碼投資，還是停損出場，都應該給自己一點時間冷靜觀察、評估情勢。

但是當投射偏誤發生時，就會認爲之後的情勢仍然對自己有利，而毫不猶豫地選擇繼續投資。

人的情緒反應無論好壞都持續不久，儘管如此，我們卻以爲自己現在的情緒會一直持續下去，而且還相信造成這種情緒的狀況（虛擬貨幣會持續上漲），也會持續維持下去，即便背後毫無根據。

想預防以上狀況發生，該怎麼做才好呢？

科羅拉多大學研究團隊指出，當出現投射偏誤時，**應盡可能縮短選擇時的**

情緒狀態與未來狀況之間的距離。

比方說，假設你到超市購買晚餐的食材。

當你肚子空空，抱著「肚子好餓」的心情購物時，會因為投射偏誤的作用，無法想像吃完之後的情況，「想吃這個」「那個好像也很好吃」而買太多。

相反的，當你在吃飽的狀態下，抱著「我已經吃不下了」的心情逛超市，就會想「晚餐吃一點就好」，而吃太少。

之所以發生這種過與不及的失誤，是因為現在的情緒與未來的狀況相差太遠所致。

實際上，無關購物時的情緒，做晚餐有必要的食材就好。所以只要預先決定好晚餐的菜色，把必須購買的食材整理成清單後再去超市，就可以不落入投射偏誤的陷阱。

另外，聚餐時若想避免點太多、超出預算，可以試著吃完一道菜之後，再點下一道菜。

設定基準，預防投射偏誤

當飢餓感襲來

當肚子餓過頭，就會發生投射偏誤，容易不自覺地點太多。

設定基準

「只點中碗的牛肉蓋飯」，只要在心中訂好基準，就可以預防飲食過量。

在肚子餓的狀態下進入店裡，很容易發生跟餓著肚子買菜相同的現象，直接看著菜單就「這個也要，那個也要」地點菜。

藉由思考「我會受到肚子餓的影響，而難以想像點完菜之後、吃飽之後的狀況」，讓自己不受情緒的影響，決定好點幾道菜。

稍微飽了之後，就可以理解，想點一大堆菜的念頭只是一時衝動的產物。

以投資來說，無關漲跌，預先設好停利、停損點等客觀基準，讓選擇時不受情緒的影響很重要。

透過閱讀模擬體驗情境

有句格言說：「勝而不驕。」

這指的是功名成就的時候，更要不忘初心，謹慎小心面對下一個勝負。其實這正是擺脫投射偏誤的有效方法，許多成功的經營者都這樣做，就連我熟識的上市公司創辦人也明白告訴我，這就是他成功的理由。

他說：「雖然我的公司現在賺錢，但是在創業時吃了不少苦頭，甚至差點破產倒閉。正因爲如此，我不認爲現在的成功會一直持續下去，必須不時回歸初心，重新審視事業。」

他們懂得對照自己的現況與過去的初衷，不會因爲生意好而得意忘形，因此得以避開投射偏誤的影響。

但是，**如果你是沒經歷過那麼戲劇化人生的人，要你預測並對應情緒的波動是有難度的**。

沒有經驗的人，當陷入極爲糟糕的狀況時，會不知道該如何踏出下一步。

比方說，假設一直以來都沒有女人緣的男性，桃花運突然大爆發。如果他過去談戀愛總是不順遂，應該很難想像自己面對的是什麼情況。

這就跟一直以來都是平凡上班族的人，突然面臨公司倒閉、不知道下一步應該怎麼做的情況相似。

一旦落入投射偏誤的陷阱，就會想像自己一直處於悲慘的狀態，甚至可能出現自殺的念頭。

遇到意料之外的狀況時，因爲不曉得問題解決之後的未來會是什麼樣子，因此也無法實行科羅拉多大學研究團隊的建議：應盡可能讓選擇時的狀況，等同於此選擇可能導致的未來狀況。

這時閱讀就很有幫助了。

觀看紀錄片、閱讀報導文學與小說等，能讓我們模擬體驗深陷逆境窘況的人的心境，理解他們被逼到什麼樣的絕境。

假如你不擅長閱讀，看電影或電視劇也行。透過故事，眞實地體驗自己選擇後的情況，能幫助我們擺脫投射偏誤。

某位心理學家這樣說道：「小說是現實社會的模擬。就跟飛機的飛行員藉由飛行模擬器訓練空中駕馭技術是一樣的，讀者可以透過小說訓練自己的社交技能。小說正是心靈的飛行模擬器。」

曾有破產經驗的創業家的書，成功跳槽多次的人的部落格，描寫戀愛曖昧情愫的電影……

透過眾多的故事，從「如果自己是主角」的角度來思考，應該能從中獲得避開投射偏誤的提醒。

陷阱③

沉沒成本偏誤

人是會想回收成本的生物。只要無法回本，就會失去冷靜，不但做不到停損，反而會做出更後悔的事情。以下介紹如何避免惡性循環，做出理性選擇的訣竅。

第三個陷阱是沉沒成本偏誤。

沉沒成本（sunk cost）是會計用語，指的是已經支付，再也拿不回來的費用、勞力、時間等成本。而沉沒成本偏誤指的就是拘泥於已付出且不能回收的成本，陷入無法做出理性、有邏輯判斷的狀態。

例如，假設你到電影院，看了開頭十五分鐘，你就知道這是部自己沒興趣、無法享受的作品，這時你會怎麼做呢？

如果是長篇電影，從發現這部電影無聊到結束，大概還要浪費將近兩個小時的時間。假如電影票是三百元左右，還不如趕快離開，把時間花在嗜好、讀書、購物之類的事上還比較有意義。

然而，會立即起身離開電影院的人是少數，**大多數人都會有「錢都花下去了，不看完浪費」「之後搞不好會變有趣」的想法，而選擇繼續看下去**。這種心理就是典型的沉沒成本偏誤。

或是到鄉下，常看到白天、晚上車流量都很少的分流道路。這種浪費錢的公共建設背後，受到沉沒成本偏誤影響的案例不在少數。

比方說，假設有一條作爲替代道路的新高速公路總工程費是二十億元。計畫進行到八成的時候，剛好遇到地方行政首長選舉，有候選人主張：「考量經濟情勢及人口現況，即便替代道路開通了，經營良好有盈餘的可能性低，沒有什麼經濟效益，工程應該中止。」

但選舉的結果卻是提出「再投入四億元完成替代道路」政見的現任首長連任成功。投票給現任首長的人，想法應該是「都花了十六億，完成了八成左右，中止太可惜了」。

這並不是理性的選擇。

從會計學的角度來看，十六億是已經發生的費用，因此無論工程是繼續還是中止，那筆費用都是拿不回來的沉沒成本。即便繼續追加資金，讓道路建造完成，也可能沒有盈利價值，這個選項只會在未來增加赤字罷了。

明明冷靜計算就可以知道的事情，卻因為沉沒成本偏誤而做出錯誤的選擇，「都花了十六億，進度完成了八成，中止太可惜了」。

另外，從其他例子來看，**沉迷酒店的人，心理也跟沉沒成本偏誤密切相**

關。

女性沉迷男公關，男性沉迷女公關，在砸下大筆錢財的時候，會逐漸出現這種想法：「我花了這麼多錢，一定要得到回報。」另一方面，手腕高明的公關即便不知道沉沒成本偏誤這個詞，也能從過去的經驗得知這種心理作用。釋放出「你很特別」的訊息，在紀念日開昂貴的酒、收禮物，然後讓客人沉浸於「我比其他客人還要特別」的氣氛裡。讓對方期待，只要再付出一些就能得到回報。

從客觀的角度來看，即便明白「那種關係早點斷乾淨比較好」「把過去花的錢當作是繳學費，該放手了」，站在當事人、也就是客人的角度來看，投注的金錢和時間越多，期望獲得的回報越大。

讓過去付出的成本，影響現在的選擇是件奇怪的事。即便明白那樣的道理，一旦成為當事人，便會受到過去強烈的影響。

透過靜心，避開沉沒成本偏誤的陷阱

在法國、新加坡、阿布達比都設有分校的歐洲工商管理學院（以下簡稱INSEAD），針對如何避開這種沉沒成本偏誤進行研究。

研究結果發現，導致沉沒成本偏誤發生的原因在於對過去的執著。因此，想放下執著，只有**把焦點放在現在的自己，而非過去**。

也就是說，一旦把焦點放在過去花費的成本，就會落入「現在放棄太可惜了」的思維。

所以必須關注現在的自己，忘掉過去，試著做出理性的選擇。

對此，**正念靜心能發揮很好的效果**，INSEAD的副教授若伊．吉尼亞斯如此表示。

正念靜心（mindfulness meditation）跟第三章介紹的數息觀是同樣的概念，是一種一邊默數呼吸，一邊將意識集中在當下狀態的靜心法，實施時間約十五分鐘。

實際上，INSEAD的研究將受試者分爲「實施正念靜心組」和「不實施正念靜心組」。

研究人員請他們針對「要投資某交易對象嗎？」「這次的休假要去參加音樂節嗎？」等各種大大小小的問題做選擇。

實施了十五分鐘正念靜心的組別，不管是什麼問題都能做出從長遠的角度來看是好的選擇，也就是「不後悔的選擇」。

這樣的結果推測，是因爲正念靜心提高了對當下資訊的注意力，使受試者放下對於「好可惜」「都花了這麼多的金錢、時間和勞力，怎麼可以放棄」的執著。

也就是說，正念靜心能幫助我們逃離沉沒成本偏誤。

此外，就連世界頂尖企業和大學，也都將正念靜心納入員工研習或課程當中。

因爲靜心能讓我們專注在自己身上，冷靜地選擇下一個行動。

實施正念靜心，釐清自己的想法，能幫助我們更有效率地做出決策。

左頁圖是實踐正念靜心的方法。

有些人可能會覺得「靜心」聽起來好像很難，但靜心跟數息觀一樣可以輕鬆實踐，請務必嘗試看看。

藉由正念靜心，擺脫沉沒成本偏誤的陷阱

1 將注意力集中在呼吸上

正念是指「放輕鬆，將意識集中在當下瞬間的心境」。坐在椅子上或盤腿坐，將意識集中在呼吸上。

※坐在椅子上或盤腿坐皆可。

2 雜念浮現

即便將意識集中在呼吸上，雜念也會隨著時間一一浮現。

3 面對雜念

在放鬆的狀態下，可以不受恐懼、焦慮、後悔等情緒的影響，冷靜地面對雜念。

4 再次把意識集中在呼吸上

如果注意力被雜念分散，就把意識拉回到呼吸上，再次進入靜心狀態。只要養成❶到❹的習慣，就可以避免掉入沉沒成本偏誤的陷阱裡。

陷阱④

正常化偏誤

你是不是覺得，無論是明天還是後天，自己都不會惹上麻煩呢？針對這個問題，覺得「這什麼問題？這不是理所當然的嗎？」的人要小心，這想法正是受到了偏誤的影響。

第四個陷阱是正常化偏誤。

正常化偏誤（normalcy bias）指的是忽視對自己不利資訊的偏誤。從客觀的角度來看，即便是很有可能失敗的狀況，人也會解釋成「我一定沒問題」「這次沒問題的」「那種糟糕的事情，不會發生在我身上」，而做出後悔的選擇。

比方說，發生了自然災害，地方政府發出緊急避難通知，卻還是有人來不及逃生。

災難心理學專家指出，人們心中「這種程度的豪雨也不是沒碰過，沒問題的啦」「在家裡一定比較安全」等想法，是受到正常化偏誤的影響。

偏誤是為了讓我們快速做出判斷所發展而成的大腦機制，也有維持平衡心理狀態的功能。這種為了維持平衡心理狀態的偏誤，會在緊急狀況時帶來負面影響。

此外，「詐騙電話」這類特殊詐欺手法的受害者，大多是受到正常化偏誤的影響。

即便特殊詐騙手法的新聞增加，警察也不斷呼籲，民眾還是持續受騙上當。犯罪集團的詐騙手法確實越來越新穎，但大部分受害者即便聽了過去曾經受騙的親友故事或新聞報導，仍可能會說「我不會被騙的」「我能分辨自己小孩的聲音」。這正是受到正常化偏誤的影響，結果就是受騙上當。

詐騙犯有一套標準話術，讓受害者覺得「好奇怪喔」，感到不對勁時卸下心防。

比方說，當受害者說「你的聲音怎麼跟平常不一樣」，詐騙犯可能會這樣回答：「應該是訊號不穩吧，媽媽妳的聲音也怪怪的啊。」如此一來，受害者就會相信對方的話。

而且，受害者發現自己上當時，經常會說：「我怎麼可能會受騙。」受害者受到正常化偏誤的影響，**毫無根據地認為「自己不會被騙」，而做出錯誤的選擇。**

人經常高估自己的能力

那應該怎麼做才能避免這種正常化偏誤，做出不後悔的選擇呢？

有些人可能覺得只要學會如何正確判斷事物就好。但其實正好相反，**理解自己是多麼沒有判斷力、選擇力，才是避開正常化偏誤的第一步。**

因爲大部分的人都相信自己有判斷力，而且我們容易高估自己的能力。

比方說，有問卷調查日常生活中經常開車的人：「你的開車技巧比整體平均要來得好嗎？」

調查結果竟有高達七〇％的人回答「我在平均之上」。七〇％遠超過半數，由此可知大部分的人都誤以爲自己的開車技巧比整體平均要來得好。

康乃爾大學的心理學家大衛．達寧和賈斯汀．克魯格針對這種心理做了**好幾個實驗，證明人有高估自身能力的傾向**。以下從兩位學者的研究當中挑選兩個具代表性的實驗介紹。

第一個是關於「幽默感」的實驗。

他們請參與實驗者閱讀三十則笑話，並針對個別笑話進行評價，這個測驗可反映出受試者幽默理解的程度。接著達寧和克魯格依據測驗成績的高低順序，將受試者分為四組——「最優秀」「略高於平均」「略低於平均」「底層」。

同時也請受試者針對自己的幽默感進行自我評價：「你覺得自己對幽默的理解程度，相對於同年齡層的人，大概落在什麼位置？」

自我評價是以百分比形式回答，二〇％表示對自己幽默感評價極低，五〇％是平均值，八〇％則認為自己的幽默感遠高於其他人。

結果位於底層組的受試者，評價自己的幽默感為五八％，換句話說，底層組的人認為自己的幽默感在平均之上。

順便一提，底層組在幽默感相關測驗的平均分數是倒數一二％，也就是說，從客觀角度來看，他們的幽默感非常低。

另一方面，最優秀組則看不到高估自己的狀況，反而有低估自己幽默感的傾向。

兩位學者的第二個實驗，則是針對邏輯推理能力進行研究。此實驗底層組的平均分數，也是位於倒數一二％程度的位置。

然而底層組的自我評估平均分數卻高達六八％，遠高於平均的五〇％。可知底層組的人對自己的評價是「邏輯推理能力遠優於平均」。

達寧和克魯格做出了這樣的結論：**能力低的人，無法正確評價自己的能力落在何處，也無法正確評估他人的能力，所以能力低的人會高估自己。**

這項研究結果廣為心理學界所知，甚至以他們的名字將此命名為「達克效應」（Dunning–Kruger effect）。

從「我一定沒問題」的誤會中解放的技巧

無論能力的高低，人或多或少都受到達克效應的影響。因為相信自己的選擇能力，所以受到正常化偏誤的影響，覺得「自己沒問題」。

正因為如此，接受自己意志力薄弱、選擇能力低落的事實很重要。但如果不知道具體該怎麼做，便很難對此有所自覺。因此以下介紹一個避開正常化偏誤陷阱的技巧。

這個技巧稱為「WRAP」。

這是由希思兄弟——史丹佛大學商學院教授奇普．希思與杜克大學社會企業精神推廣中心資深研究員丹．希思所提出的解決方法。

「WRAP」分為以下四步驟：

❶ W：擴增更多選項（Widen Your Options）。

❷ R：實際測試你的假設（Reality Test Your Assumptions）。

❸ A：在決斷前保持客觀距離（Attain Distance Before Deciding）。

❹ P：做好出錯的準備（Prepare To Be Wrong）。

比方說，假如你居住的地區發出緊急避難通知，你有「避難」和「不避難」兩個選擇。

❶ 擴增更多選項：

希思兄弟指出，二擇一的問題本身就是錯的。「避難」還是「不避難」；東西「買」還是「不買」；公司經營不善，該「辭職」還是「不辭職」等；**二擇一讓我們的視野不自覺地變狹隘，使正常化偏誤和驗證性偏誤容易發生**。

因此，爲避免產生這些偏誤，**思考時必須擴增更多選項**，例如：

「如果不避難，會有什麼風險？」

「若選擇避難，應該逃去哪裡？」

「在避難之前，有哪些狀況必須事先設想。」

❷ 實際測試你的假設：

接著，必須確認過去的案例，如：「避難時，應該待在什麼樣的環境？」「若發生同等規模的災害，不選擇避難的人會發生什麼事？」

只不過，在這個時候覺得自己沒問題的人，容易受到正常化偏誤的影響，只看到過去不避難也沒事的案例。

因此，**從不同的角度多方確認很重要**。

就像購物，五顆星和一顆星的評價都要看，必須從不同的觀點來比較。

❸ 在決斷前保持客觀距離：

到正式做決定的階段時，花個十分鐘靜心，暫緩一下決策。

也可以從客觀的角度來思考。

例如：「如果自己住在緊急避難地區之外的地方，朋友來找我商量的話，

正常化偏誤讓人以為自己一定沒問題

正常化偏誤

在災害等危險狀態發生時，這個偏誤會讓人以為「自己一定沒問題」。

為了擺脫正常化偏誤……

① 擴增更多選項

不要侷限於「逃」或「不逃」二擇一的思維，擴增選項很重要，如：「逃難前應做好什麼準備」「決策的時機」等。

② 實際測試你的假設

建立假說，例如：「不避難的話，會怎麼樣？」「現在避難的話，會怎麼樣？」然後想像採取那個行動時會發生什麼事。

③ 在決斷前保持客觀距離

藉由靜心等方式，從決斷的狀態中暫時抽離，能幫助我們擺脫偏誤，讓大腦進入平靜的狀態。

④ 做好出錯的準備

設想「最糟的結果」和「最好的結果」，然後藉由步驟❸製造緩衝時間，讓我們冷靜地做出選擇。

我會怎麼回答？」

❹ 做好出錯的準備：

再怎麼深思熟慮，也可能會對選擇的結果感到後悔。

因此，事先設想「最糟的結果」和「最好的結果」，試想什麼樣的結果才能讓自己感到滿意。

做好事先準備的結果就是：

「避難很麻煩費力，但爲了避免最壞的情況發生，應該往避難所移動。」

「做好一收到緊急避難通知，就能馬上離開的準備。」

「先確認家人的所在地，決定好集合地點。」

訂定出理性的選擇基準。

依循著WRAP四步驟的好處在於，能避開正常化偏誤和達克效應，建立選擇基準。

當你面臨人生重大抉擇時，請想起WRAP四步驟，試著實踐看看。
相信WRAP能幫助你逃離偏誤設下的陷阱。

陷阱⑤

記憶偏誤

你有過這樣的經驗嗎？長大之後試著吃小時候討厭的食物，發現極為美味。這種記憶偏誤，讓我們難以做出理性的選擇。

第五個陷阱是「記憶偏誤」（memory bias）。

記憶偏誤是讓我們做出錯誤選擇的原因。

如先前提到，沉沒成本偏誤是一種受到過去花費的金錢、時間和勞力等成本牽制，而做出錯誤選擇的現象。記憶偏誤跟沉沒成本偏誤很相似，只不過牽制人的是過去的記憶。**人也會因為受到過去扭曲記憶的影響，而做出後悔的選擇**。

哈佛大學有項針對記憶偏誤的實驗。以地鐵使用者爲對象，詢問以下問題：「請試著回想自己搭地鐵坐過站的情景。」結果，大部分受試者提到的都是自己坐過站最糟糕的回憶。

坐過站的經驗明明很多，但是被問到時，想起來的卻是最糟糕的記憶。

這是人類在演化的過程，爲了避免自己因災害或意外受到傷害，而演化出來的防禦機制。

爲了留意特定的危險狀況，並對此敏銳反應，形成長期記憶，記憶偏誤因此而變得更發達。

在狩獵採集時代，如果不能好好記住曾被劍齒虎襲擊的事情，自己和夥伴很有可能會遭到獵食。這種記憶模式長久演變之下，**使我們的大腦對討厭的記憶記得特別清楚**。

問題在於，在自然界非常有用的記憶偏誤，到了現代人類社會中卻派不上用場。

比方說，在發生不好的事情前，你跟某人見了面，之後就會留下「跟這個人見面會發生不好的事」的記憶。

又或者是，只要到工作上曾發生重大錯誤的地方，就會覺得「是不是又要失敗了」而感到不安。

不好的經驗比好的經驗更爲強烈，記憶偏誤會讓沒有因果關係的兩個因素連結起來，進而影響未來的選擇。

寫記憶日記，遠離記憶偏誤的陷阱

爲避免受到記憶偏誤的影響，哈佛大學研究團隊提出兩種對策。

第一個方法是，**試著懷疑自己，是不是只想起「過去最好的經驗」或是「過去最糟的經驗」其中一種**。

有意地想起一個以上的經驗，盡可能在好和不好的記憶之間取得平衡。這個方法也就是增加樣本、客觀思考，可以用來預防其他偏誤，屬於偏誤的共通對策。

第二個方法是，**寫有關記憶的日記**。

日記本也好，記事本也行，谷歌日曆這種線上行事曆服務也可以，把每天的記憶條列式地寫下來吧。討厭的記憶、開心的記憶、想記下來的小事，不要只寫下負面或正面這兩種極端的記憶，也寫下你對人事物的一些覺察，讓記憶均衡化。

更棒的地方是，重看日記能讓我們回想起那些「並沒有那麼差的回憶」。

具體地回想各種記憶，能幫助我們思考發生同樣問題時的各種可能，例如：最壞的情況、沒那麼差的情況、沒什麼好在意的情況等各種不同的樣本。

能做到這樣就妥當了。你可以讓自己從受困於記憶偏誤所引發的糟糕記憶中解放出來。

像我的做法是，每天把當天的煩惱寫在谷歌日曆上。如此一來，就可以跟過去的煩惱比較，覺得：「今天的煩惱根本算不了什麼。」

不受討厭回憶束縛的方法

假如你因為車禍受傷，而產生了負面的記憶偏誤，這個時候只要做以下兩件事，就可以擺脫偏誤的束縛。

回憶過去的種種

回憶開心的、愉快的事情，喚起過去正面的記憶，讓記憶偏誤的影響減弱。

2

寫記憶日記

把一天發生的事情寫下來，能幫助我們詳細回憶過去，讓記憶偏誤的影響更加減弱。

Let's try 試試看 04

避開偏誤的技巧

效果

持續力提升	★★★
客觀力提升	★★★★★

以下是避免做選擇時落入偏誤陷阱的有效技巧。

迴避樂觀偏誤（計畫錯誤）

「這種程度的工作，大概花這樣的時間就可以做完了吧……」

如本書中所介紹，在規畫預定進度時，容易受到偏誤的影響而低估所需時間，打亂計畫。

為自己訂定「推估要做兩次」的規則，身體力行。

・**實行要點**：第一次和第二次的推估中間，必須空一段時間。做了預估之後，必須空一個小時左右，再做下一次的評估。如此一來，便能察覺到樂觀偏誤帶來的影響。

迴避驗證性偏誤

本書介紹了好幾個方法，例如：懷疑自己的直覺或多數人的想法、準備多個樣本等，除此之外，以下方法也很有效。

A. **尋找先入為主的原因**：試著尋找自己為什麼會討厭那個人，或那個東西的原因。如此一來便能發現，原來大部分時候的厭惡情緒，都是一些雞毛蒜皮的小事所引起。這時屏除討厭那個人（東西）的想法，找出原因、採取對策，能幫助自己克服偏見。

B. **體驗**：就跟小時候覺得討厭、吃不下去的食物，長大之後竟然覺得好吃是一樣的。只要願意嘗試，就會發現那種恐懼出乎意外地容易克服。

總結

這些技巧能夠提高客觀性，因此也可作為各種不同偏誤的因應對策，請務必嘗試看看。

第五章

做出不後悔選擇的自我訓練法

到目前為止，我們學習了做出不後悔選擇所需的各種知識。

接下來，只要按自己的步調實際練習就行了。

利用以下自我訓練的方法，

學習如何有效削減不安和壓力，提升你的選擇力。

introduction

五種自我訓練法

想做出不後悔的選擇，必須經過訓練，而自我訓練其實沒那麼困難。重點在於，不求馬上得到成果，持續練習。不要焦急，一點一點累積、慢慢成長吧。

我尊敬的投資之神巴菲特有許多名言，其中我最喜歡這句：**「無法獨立思考，投資就不會成功。」**

這句話的意思是，如果你抱持著「大家都這樣選，我也這樣選」的想法，是無法成功的。

以股票投資來說，大家都買的股票，股價相當高。

如果你因爲股價高、大家都買，所以覺得可以安心選擇買進，很可能會在不久的將來賠錢。

因爲你買進的時間點，股價也許已超過那支股票本身的實際價值，而股價最終會跌回符合該企業實力的價位。

就如同巴菲特所說，想要成功投資，就必須自己思考選擇標的物。

想獲得成功的人生也是相同的道理。**想成功就必須不隨波逐流，控制情緒，自行做出判斷。**

只有用清晰的頭腦思考，才能比別人早一步獲取成功。

本章將依據前面的內容，介紹五種提升選擇力的自我訓練方法。

自我訓練方法的五個關鍵字如下：

1. **情緒智商**
2. **一日重構法**
3. **挑戰淘汰法**
4. **間歇性斷食**
5. **核心價值筆記**

上述方法也能同時關照你的情緒變化，藉由有效控制不安和壓力，來提升選擇力。

接下來介紹的訓練內容，有些部分可能推翻了心理學和行爲經濟學既有理論，因此也可以說是我獨創的方法。

重點在於不要想都沒想就否定，拿出勇氣，先試試看再說。因爲不嘗試，什麼也得不到。

如果嘗試過了，覺得這些方法不適合自己，那以下介紹的訓練方法當然不必勉強去做。

這五種方法當中，只要能持續一到兩個方法，就可以獲得相當不錯的效果。

歡迎你也運用我實際採用的訓練法，讓選擇力更上一層樓，做出不後悔的選擇。

訓練①

控制情緒

面對同一件事情，每個人卻有不同的情緒表達方式。

透過訓練，可以讓情緒管理變得更好，即便面對容易

慌張的場面，也能保持鎮靜，做出理性的選擇。

情緒智商對提升選擇力、做出不後悔的選擇很有幫助，因此近年來備受關注。情緒智商（emotional intelligence，簡稱ＥＩ或ＥＱ）指的是，掌握自己和他人的情緒，控制自我情緒的能力。有別於與遺傳因素比較有關的智商（ＩＱ），情緒智商並非與生俱來的天賦，能夠透過後天訓練習得。

順帶一提，情緒智商這個概念，是由彼得．沙洛維和約翰．梅爾兩位心理學家，於一九九〇年出版的論文中首次提出。

之後，心理學家丹尼爾．高曼在一九九六年出版的《ＥＱ》一書中，詳細介紹了「情緒智商」（emotional intelligence quotient），日本與台灣簡稱為「ＥＱ」，英語圈一般簡稱為「ＥＩ」。

為什麼情緒智商高的人，能夠做出不後悔的選擇呢？

耶魯大學曾針對情緒智商做過以下實驗。

首先，研究者向受試者提出「請在一百人面前演講二十分鐘」的指示。但並不會真的上台演講，研究者這麼做的目的，是為了給予受試者心理壓力，讓他們覺得必須當眾發表演說，而感到緊張不安。

然後，受試者必須面對各種不同的選擇。比方說，做了比較好，但眞的去做的時候卻又很麻煩的事，例如：「你要接種流感疫苗嗎？」「你會爲了身體健康而運動嗎？」

結果如前所述，**當我們感到緊張和不安時，就無法做出理性的選擇**。當受試者處於必須在衆人面前演講的壓力之下，無論是接種流感疫苗，還是爲了身體健康而運動，都會被視爲麻煩的事情，容易選擇「不接種」「不運動」的選項。

然而，在耶魯大學研究團隊的實驗裡，高情緒智商的受試者組別有六五％的人選擇接種流感疫苗。

另一方面，低情緒智商的受試者組別，只有七％的人選擇接種流感疫苗。

也就是說，**擁有高情緒智商的人，不僅能夠客觀分析他人的情緒，也可以控制自己的情緒，因此即便處於壓力的狀態下，也能做出理性的選擇**。研究團隊也指出，若能提高情緒智商，即便內心感到緊張或不安、充滿壓力，依然能保有做出不後悔選擇的能力。

你能多具體地表達情緒？

那麼，該怎麼做才能提高情緒智商呢？

以下是兩個有科學依據的方法：

第一個方法是**靜心**。

藉由靜心，能夠從客觀的角度觀察自己緊張、不安、壓力的狀態，得以控制情緒。

靜心法包含了第三章介紹的數息觀、第四章的正念靜心，以及第四章的情緒揭露也算是廣義的靜心。

另一個方法則是，**提升情緒粒度的訓練**。

情緒粒度（emotional granularity）**指的是描述或表達自我情緒的具體程度**。

情緒智商低，不擅長面對不安和壓力的人，情緒粒度較低，他們不清楚自己心情為何惡劣，也無法表達自己的心情有多惡劣。因為他們也不善於察覺他人情緒的細微變化，因此經常在不了解自己與他人情緒的狀況下做出衝動的決定。

情緒粒度的高低舉例如下：

情緒粒度低：以「我心情好！」和「我心情不好！」二擇一的方式表達情緒。

情緒粒度高：「就像秋天的晴朗藍天般心情好」「心情就跟隔天宿醉一樣糟糕」。

美好的心情可以用「幸福」「心曠神怡」等各種不同的方式來表達，與之相反的情緒，也能用「煩惱」「氣到腦充血」等說法來描寫。

像這樣，**透過細緻且具體的方式描寫、表達自己的情緒，可以提高情緒粒度**。

而情緒粒度的提升，能幫助我們控制情緒，避免因爲一時衝動，而做出讓

從對應客人不合理的要求，來看情緒粒度的差異

如果是情緒粒度低的人

如果情緒粒度低，遇到不講理的客人時，容易感到不耐煩，而衝動行事。

→ 做出「後悔的選擇」。

如果是情緒粒度高的人

情緒粒度高的人，知道自己對客人不講理的要求感到生氣，他們清楚掌握自己的情緒，因此能適當地處理問題。

→ 做出「不後悔的選擇」。

人後悔的事情。

而心理學研究也發現，**情緒粒度高的人控制情緒的能力，比情緒粒度低的人高出三〇%**。即便在壓力極大的狀態下，也不會以喝酒來逃避現實，或是攻擊傷害自己的對象。

相反的，情緒粒度低的人，很常感到厭煩，馬上就暴怒，一點小失敗也容易心情惡劣，因此經常做出後悔的選擇。

學外語提高情緒智商

想提升情緒粒度，也提高情緒智商，可以試試學外語。外語有一些本國語言沒有的情緒表達方式，學外語便能學習新的情緒言語表達，因此可以幫助自己控制情緒。比方說，德語的「Schadenfreude」，schaden 爲損害、摧毀之意，freude 爲喜悅之意，兩個字組合起來就是「幸災樂禍」；在匈牙利語裡，則用「szimpatikus」來表達「初遇某人，卻覺得對方是個好人」的感覺。

學外語，學習新的表達情緒的言語，便能快速增加情緒粒度。

在產生「有夠煩」「糟透了」的直觀式反應，快因爲一時衝動而做出決定的時候，若能試著利用外語來翻譯當下的感覺，便能客觀化自己的情緒。

而且當大腦試圖使用習得的第二外語表達感受時，會變得冷靜謹愼。

提高情緒智商不是只對做選擇有幫助，也可以讓人際關係變得更好。

在日常生活中的各種場面鍛鍊自己，加強情緒粒度，讓你的情緒智商往上提升到更高的層次吧。

訓練②

一日重構法：洞悉幸福的選擇

人其實是很健忘的，在日常生活中感到有興趣、滿足的事，一轉眼就忘記了。把那些好事記錄下來，可以幫助我們做出更好的選擇。

接下來介紹的是名爲「一日重構法」的訓練法。

一日重構法是由倫敦政治經濟學院的行爲科學教授，同時也是經濟學家的保羅·杜蘭所提出，其研究關注於「人該怎麼選擇才能獲得幸福」的主題。方法簡單來說，就是**把一天所做的選擇當中，自己真正感到幸福的選擇持續記錄下來**。

杜蘭教授表示，人的幸福，是由自己分配了多少注意力在什麼事情上所決定。也就是說，注意力指向什麼地方，會影響人如何做選擇，決定當事人能否獲得幸福。

注意力就像是有限的資源，如同企業管理學的基本理論「越稀少的東西越有價值」，如何分配注意力這個稀少的資源，是很重要的問題。

但現在生活當中的資訊和刺激太多，剝奪了我們的注意力，導致我們未能察覺並經常忽略掉眞正有價值的事物。

反過來說，**回過頭來思考「什麼樣的選項對自己來說是有價值的」，就可以知道想做出不後悔的選擇該留意哪些地方**。

換句話說，一日重構法就是鍛鍊選擇力的訓練法。

舉例來說，假設你下班後決定「跟同事去喝酒」，一日重構法就是在一天

結束的時候，依據下列項目，將因為選擇而發生的事情記錄下來。

❶ 開始時間。

❷ 結束時間。

❸ 完成的工作內容。

❹ 跟誰一起完成的。

❺ 這件事情帶給你多少快樂（以一到十分評分並做出短評）。

❻ 這件事情對你來說有多少價值（以一到十分評分並做出短評）。

假如你選擇「跟同事去喝酒」。

❶ 晚上八點。

❷ 晚上十點半。

❸ 在居酒屋一邊抱怨主管，一邊吃飯喝酒。
❹ 你跟同事ABC，全部四個人。
❺ 五分，抱怨完最近主管無理的言行舉止之後，舒坦多了。
❻ 兩分，覺得在家練習英語會話比較有價值。

像這樣，把自己一天當中所做的選擇和感受記錄起來。**重點在於，分開評價「快樂」和「價值」**，因為快樂為衝動性的觀點，價值為建設性的觀點。當然，不能只重視快樂，也不可以只追求價值，**在兩者之間取得平衡是最理想的。只能帶來快樂的選擇，最後只會留下空虛；而只有價值的選擇，會讓人生充滿窒息感**。藉由兩個觀點來分析，然後實際寫下來，就能客觀地找到什麼才是自己應該做的選擇。如此一來，自然而然就可以知道應該要分配多少注意力在快樂和價值上。

實踐一日重構法時，持之以恆很重要。持續記錄兩個月左右，你就會逐漸掌握到什麼是真正能帶來幸福的選擇，做選擇時應該要注意什麼。

回顧一天的經歷，提高選擇的準確度

我也實踐了一段時間的一日重構法，那時我是用谷歌日曆。平常我會以兩週為單位，把必須做的事情輸入谷歌日曆，然後再寫上花了多少時間、有何感受。

之所以以兩週、而非以一週為單位做管理，是為了讓自己一眼就可以知道針對短期、中期、長期的目標，採取了什麼行動，讓計畫一目瞭然。

我針對一日重構法做了一些調整。

我原本在日曆只輸入一日重構法的六個項目。

但為了更準確地掌握選擇之後的滿意度，**我又追加了「規畫行程時的期待值」**。

比方說，你決定「早上去健身房」，評價去健身房之前的期待值，然後在去了健身房之後，將期待值與獲得的快樂和價值的分數相比較。

如果覺得上健身房是「每天的例行公事，好麻煩……」，期待值分數就是

「三」；但活動筋骨後，神清氣爽心情好，快樂分數是「七」；在那之後，工作的效率提升，價值大概是「八」左右。

這時，「早上去健身房」的選擇對我來說，就是幸福且不後悔的選擇。

依據這個要點做記錄，定期回顧，就可以找到做選擇時應該注意的地方。

比方說，有位很厲害的社長來訪，朋友約你一起去吃飯：

你對此期待值是「八分」；但實際參加了飯局，覺得普通，快樂是「兩分」；社長一直在講自己有多厲害，還被要求表演才藝，飯局的價值是「一分」；結果可能就是「以後那個朋友來約，暫時不要去好了」。

或是也可能出現這種情況：

「工作行程有空檔，所以就去大書店逛逛」，期待值是「五分」；最近都用平板設備看電子書，所以對去書店感到有點雀躍，快樂是「七分」；結果挖到一本意想不到的外文書，逛書店的價值是「九分」；最後可能是「大書店果然充滿樂趣，以後要撥時間去逛逛」。

老實說，我一開始也是對做紀錄感到抗拒。但**實踐了之後，我發現選擇的**

DaiGo式「一日重構法」：找到什麼是真正幸福的選擇

①事後應記錄事項

依據右列項目記錄發生的事情，養成記錄的習慣是提升選擇力的關鍵。

- 開始時間
- 結束時間
- 做了什麼
- 跟誰一起做
- 快樂（滿分為10分）
- 價值（滿分為10分）

②事先寫下期待值

在①應記錄項目追加期待值，是DaiGo獨創的改良版一日重構法。一定要事先寫下自己的期待。

③事前事後相比較

雖然對聚餐的期待值很高，但去了之後，對方一直炫耀自己的成就，因此聚餐的評價就變得很低。

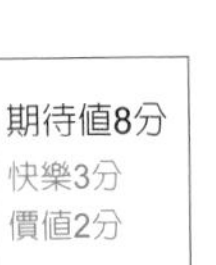

真是浪費時間。
我很厲害吧。

④定期回顧

那個選擇是否真的能帶來幸福，定期回顧紀錄，便可看出個端倪。

內容	期待值	快樂	價值
跟朋友聚餐	9	5	3
參加朋友的派對	10	3	2
參加公司的讀書會	8	6	6

⑤學會如何做選擇

一眼就可以分辨選擇的好壞，而且藉由回顧自己所做的選擇，能讓下一次的選擇更明確。

暫時不要跟朋友聚會好了。

結果，有時可能超出預期，有時則相反。

因此，藉由持續不斷記錄，磨練自己的注意力，就能做出幸福的選擇。

訓練③

利用挑戰淘汰法，減輕大腦負擔

如果必須從多個選項中做選擇，在腦中一一仔細評估每個選項，會把自己累死。以下介紹針對這個情況非常有效的腦力鍛鍊法。

接著介紹的是即使眼前出現多個選項，也能做出不後悔選擇的訓練法。

第三章曾提到哥倫比亞大學席娜．艾恩嘉教授的二十四種果醬實驗，說明了過多的選項會剝奪人對事物的判斷力，陷入無法做選擇的狀態。

面對ＡＢＣ三選一的情況，我們能毫不猶豫做出選擇；但是**當眼前出現十種、二十種選項時，維持現狀偏誤發生，我們會為了減輕大腦的負擔，而一直選擇相同的選項。**

這現象主要受到兩種心理作用的影響：

❶ **對選擇感到無力：**當選項實在太多時，會產生無法判斷的無力感。

❷ **選擇後感到不滿：**即便克服了無力感，做出決斷，選項多的時候，所獲得的滿意度，會比選項少的時候要來得低。

只要回想一下，挑選洗髮精這類生活用品，或是每年都會出現數十種新飲料商品的場景，應該多少可以接受上述說法。

賣場架上陳列著多種洗髮精，產品也不斷推陳出新，但最先映入眼簾的商品，應該是你常用的牌子。那個牌子從何時開始使用的呢？應該有些人是選擇家裡常用的牌子吧。

有的新商品功能可能比你現在用的洗髮精還要好，你可能也在電視上看過新產品的宣傳廣告，**但是面臨選擇時，卻「還是買之前的好了」**。

如果是挑選洗髮精或飲料，「還是買之前的好了」，的確不會產生什麼嚴重的問題。

但是，在做人生重要的選擇時，**如果因為選項過多，就退而求其次選擇了跟以前相同的選項，之後很有可能會感到後悔**。

那麼，這種時候該怎麼辦才好呢？

喬治亞大學於二〇一五年，針對在選項過多的情況下，做出最佳選擇的方法做了一項調查研究。

研究團隊分別準備了十六種類的車子、房子、智慧型手機，然後提供受試者以下三種選擇樣式，請他們做決定。

❶ **同時選擇方式：**直接從十六種類當中，選出喜歡的東西。

❷ **連續刪去方式：**從十六種類當中，隨機選出四種類，然後再從那當中，挑出一種喜歡的東西。然後再從剩餘的選項中，挑出四種類，然後再從中挑出一種，重複這樣的過程。

❸ **挑戰淘汰方式：**將十六種類的選項隨機分成四組，然後用挑戰淘汰方式，兩兩比較決定勝負，最後選出一種。

結果無論是車子、房子還是智慧型手機，**用挑戰淘汰方式做選擇，所獲得的滿意度都最高。**

勝者為王的「挑戰淘汰法」，成功做出不後悔的選擇

面對多種選項時，就像是在比賽一樣，讓選項彼此對決，決定出最後優勝者。這個方法很接近小時候常玩的遊戲，可以應用在日常生活中的各種場面。

以下再稍微詳細說明挑戰淘汰法的具體進行方式。

❶ 將十六種類的選項隨機分爲四組，每組各四個選項。
❷ 然後在各組當中，隨機挑兩個選項進行比較，選出一個你覺得「就是它！」的選項。
❸ 挑到剩下兩個時，再從中選出一個，然後拿去跟❷比較，並從中選出一個。
❹ 將晉級的四種類，隨機分成兩組。
❺ 就像是四強賽一樣，兩兩比較各組選項，分別選出比較好的選項。
❻ 比較最後剩下的兩種類，選出冠軍。

用勝者為王的「挑戰淘汰法」，做出不後悔的選擇

① 將16 種類的選項分為 4 組

第1組
奇異果、草莓、香蕉、蘋果

第2組
葡萄、李子、哈蜜瓜、蜜柑

第3組
檸檬、鳳梨、桃子、柳橙

第4組
黑棗、木瓜、西瓜、荔枝

②～③ 於各組進行預賽，從中選出4種

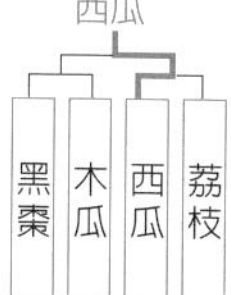

④～⑤ 讓晉級的4種類進行四強賽

VS 哈蜜瓜

贏家　輸家

VS

贏家　輸家

⑥ 進行冠軍賽

一路過關斬將到最後的選項，是理性的選擇。

社會心理學家貝瑞．史瓦茲主張：「選擇越多，人越不幸。」

普通人如何做出最好的選擇？針對這個問題，他回答道：「首先，請停止追逐『最好』的選項，你應該要尋找的是『夠好』的選項。」

夠好的選項指的是自己能感到「滿足」的選項。

挑戰淘汰法可以減少選項數量、兩兩比較進行挑選，因此能順利判斷出哪個是夠好的選項。

我們的大腦會在必須進行選擇時處理大量的資訊，但是要完全理解十幾種選項的意義，然後從中挑選出最好、最棒的選項，這個資訊處理量，超出了大腦所能負荷的範圍。

正因如此，挑戰淘汰方式將多如山的選項細分，減少了大腦負擔，非常有效。

此外，**重複著二選一、二選一的簡單選擇，也可以避免「選擇的弔詭」**。

選擇的弔詭指的是當選項越多，我們越容易出現以下心理狀態：「另一個選項好像比較好，對自己的選擇感到後悔」「應該有完美的選項，使得期待不斷膨脹」。

每天的午餐、度過假日的方式、工作上的決策等，你也試著在日常生活中用這個挑戰淘汰法做選擇吧。

那會是很好的自我訓練，未來即便面臨重大抉擇，眼前有多個選項，你也能做出不後悔的選擇。

訓練④

刻意空腹，提升選擇力

不只是情緒，身體狀態也可能讓人發生思考偏誤。接著，讓我們來了解人在什麼樣的情況下最能夠冷靜思考，為了維持最佳狀態又該如何鍛鍊自己。

在第四章談投射偏誤時提到，人在肚子餓的狀況下去採買食物時，很容易那個想吃、這個也想吃，一不小心就買太多。就像這樣，「空腹或飽腹」會對人的選擇帶來很大的影響。

其實關於不後悔的選擇，有研究發現適度的空腹狀態，反而能帶來較高的判斷力。

以下是荷蘭烏特列支大學的研究團隊所進行的實驗。

他們將募集到的受試者分爲兩組，請其中一組晚上十一點到早上禁食；另一組同樣禁食，但是禁食結束後會請他們吃早餐、飽餐一頓。然後請兩組受試者挑戰「愛荷華賭局作業」（Iowa gambling task）。

「愛荷華賭局作業」是一種將包含獎賞卡和處罰卡的牌分成ABCD組，請受試者抽牌的實驗，每一組牌都包含一定比例的獎賞卡。

但A、B兩組牌若抽到獎賞卡，可獲得的獎金高，抽到處罰卡時的罰金也高；而C、D兩組牌若抽到獎賞卡，可獲得的獎金低，但抽到處罰卡時的罰金也低。持續抽C、D兩組牌賺的錢最多，但受試者並不知道這個遊戲機制。

也就是說，關鍵在於能否察覺到「選抽C、D牌比較有利」，然後放棄眼前利益看似比較大的A、B兩組牌。

實驗結果是，空腹狀態的受試組選擇了較爲有利的選項。過去認爲空腹、情緒高昂的時候，容易做出不理性的決策，但烏特列支大學的研究團隊卻證明了適度的空腹感能保持情緒高昂，在面對不確定、複雜的情況時，反而能做出好的選擇。

但怎麼做才能創造出適度空腹的狀態呢？

這裡向各位推薦我日常實踐的間歇性斷食法，這個方法也能作為不後悔選擇的訓練法。

男性一天大概十四個小時，女性則稍微和緩，一天約十二個小時，在這一段時間什麼東西也不吃。

間歇性斷食提高選擇力，創造恰到好處的空腹狀態

斷食時間包含了睡眠時間。

依據經濟合作暨發展組織（OECD）於二〇一四年針對全球二十九個國家，以十五到六十四歲為對象所做的調查顯示，日本人的平均睡眠時間為七小時四十三分鐘。

假如將之視為八小時，清醒後所需的斷食時間：

男性大概是起床之後六小時。
女性是起床後四小時左右不進食。

一般上班族男性，建議的時間表大概是這樣：

❶ 起床。

❷早上七點到八點吃早餐。
❸不吃午餐。
❹下午兩點到三點之間吃點小東西。
❺晚上六點到八點之間吃晚餐。
❻晚上十一點到凌晨零時之間就寢。

實踐斷食時，有三個要點。

第一，早餐不要吃太多。
第二，不吃午餐，男性斷食八小時，女性斷食六小時，中間不進食。
第三，下午兩點到三點之間吃點小東西（點心時間）。

這樣的時間表，即便上班也能實行斷食，而且不會過於勉強。而且因爲早餐不吃太多，也不吃午餐，長時間處於適度的空腹狀態，因而得以保持高度的判斷力。

人吃太飽時，大腦的運作會變得遲鈍。

你可能也有過同樣經驗：

如果午餐是吃拉麵搭配炒飯、義大利麵加上麵包，這種以碳水化合物爲主的餐點組合，下午就會開始昏昏欲睡。

這是因爲吃完飯之後爲了消化食物，體內的血液集中在消化器官，供給大腦的血液因此減少所致。

大部分的人選擇吃午餐補充能量，其代價就是降低了下午的判斷力。

順帶一提，我所實踐的間歇性斷食時間表如下：

1. 起床。
2. 不吃早餐，在下午三點前不吃有熱量的東西。
3. 下午三點到四點之間吃飯。
4. 晚上七點到十一點之間吃飯。

5 就寢。

重點在於，從半夜到下午三點之間完全不吃有熱量的東西，但我喝咖啡、茶、水、氣泡水，而且也吃營養補充品。

只不過，我不吃早餐，也不吃午餐。

下午三點到四點之間我會吃點東西，晚上進食不特別限制卡路里，酒也喝。

大概晚上十一點左右吃完飯，之後到隔天下午三點完全不進食，藉此實行十四到十六個小時的斷食。

聽到斷食，有些人可能會覺得「餓肚子有點難」，但其實只禁一餐就很有效了。

像這種刻意創造出來、**恰到好處的空腹狀態，不僅能提高選擇力，也可以預防老化**。

因爲斷食減少熱量的攝取，好處多多：

用DaiGo式「間歇性斷食」提升選擇力

從晚上6點到隔天早上7點

[間歇性斷食]

包含睡眠時間，約14個小時的斷食

從晚上6點到隔天早上7點不攝取熱量。晚餐無卡路里限制，喝酒也沒關係。不吃午餐能提升專注力。

斷食還可以這樣做

一天斷食一餐

少吃早午晚餐其中一餐

少吃早午晚餐的其中一餐斷食。晚起床的人少吃早餐，白天工作忙碌的人少吃午餐等，配合你的生活方式，選擇方便執行斷食的時間最有效。

週末斷食

週六晚間12點到隔天中午12點，中間不進食

從週六的晚間12點，到隔天週日中午12點，中間12個小時斷食。消耗的卡路里比平常工作時少，因此相對容易挑戰。

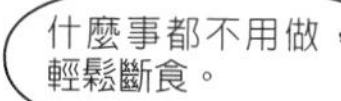

❶ 刺激生長激素分泌。

❷ 外表看起來更年輕。

❸ 肌肉量逐漸增加。

❹ 提高專注力。

進一步說明，爲什麼斷食會帶來提高專注力與選擇力的效果？

一天吃三餐時，血糖值會劇烈變化。因爲身體預測血糖值將上升，大量分泌胰島素，使血糖值在吃完飯的瞬間快速下降。

飯後想睡並不是因爲血糖值上升，而是身體爲了抑制血糖值上升，大量分泌胰島素所致。

這個情況可以藉由減少用餐次數，就能改善因爲血糖值變化而昏昏欲睡的狀況。

想提高判斷力，先思考什麼樣的用餐方式最適合自己。為自己創造出恰到好處的空腹狀態，就可以提高你的選擇力。

像我在八到十個小時之間攝取足夠的養分，剩下的時間就在恰到好處的空腹狀態下度過。

間歇性斷食能讓身心狀態取得平衡。

訓練⑤

用核心價值筆記，掌握什麼是重要的事

當我們不知道對自己來說什麼是重要的事時，容易做出錯誤的選擇。以下介紹的訓練法可以幫助各位整理想法，找出人生中重要的事，不迷失自我。

接下來介紹**核心價值筆記，是以日記的形式寫下對你而言重要的價值觀筆記法**。對自己的核心價值（對自己來說重要的事）有所意識，能讓我們以長遠的角度來看待，而非短視近利地選擇事物。

首先，寫下一件人生最重要的事情，比方說：

「平靜地度過每一天。」

「希望孩子幸福快樂。」

「希望工作充實愉快。」

「想成爲有錢人，想吃什麼就吃什麼。」

「希望有時間，自由自在地去旅行。」

順帶一提，我重視的事是「知識最大化」，也就是盡可能獲得許多知識。我也想把獲得的知識傳遞給別人，做出貢獻。

對你來說，什麼是人生中重要的事呢？

在筆記的最上方寫下核心價值後，在下面寫出**對當天發生的事情感受到的三件事——**

「覺得充實嗎？」

「覺得開心嗎？」

「覺得愉快嗎？」

條列式的方式也行。

然後**在最後寫下，「為人生最重要的事情所採取的選擇和行動」**。

比方說，我的某一天大概像這樣。

三件事：

「蒐集網路直播用的資料時，找到讓人眼睛為之一亮的研究資料。」
「一位難求、傳說中的名店，打電話來說有其他客人取消了訂位。」
「被貓咪大人療癒了。」

為人生最重要的事情所採取的選擇和行動：
「閱讀找到的數據和論文，增長見識。」

把「三件事」寫出來，能幫助自己確認核心價值和感覺是否有分歧，當兩者歧異時，就重新設定你的核心價值。然後，寫下「為了核心價值所採取的選擇和行動」，確認自己是否為了落實核心價值，採取了理性的行動。

像這樣，**設定核心價值，能讓自己意識到什麼是最重要的事，確立做選擇的基準。**

比方說，假設你是自由工作者，陪孩子一起成長是你的核心價值。只要設定好核心價值，遇到有新案子來、不知道要不要接案的狀況時，就可以像這樣思考，做出決定：「雖然報酬不錯，但我手上也還有其他工作，接了就必須犧牲跟女兒相處的時間。」「比對自己的核心價值，這個案子不應該接下來。」

或者，假如你是公司員工，「跳槽到外資企業」是你的核心價值，當同事約你下班後去吃飯喝酒時，就可以毫不猶豫地做出「想把時間拿去學習語言」的決定，選擇拒絕；或是「今天好像有國外來的研習生參加聚餐」，所以選擇參加。

也就是說，**時時刻刻意識自己人生的核心價值，可以避免情緒化而失去判斷，做出不後悔的選擇**。

時間和金錢的匱乏，會讓自己忽略真正重要的事

從貧窮問題的研究，也可以看出核心價值的重要性。

哈佛大學的森迪爾·穆蘭納珊教授於二〇〇四年的研究，針對印度五百戶貧困農家做智力測驗。

調查目的是分析貧困是否會對選擇力造成影響。

調查對象的經濟狀況，是以甘蔗作為主要栽培農作物，若採收後遲遲拿不到錢，生活馬上就會陷入困境，必須典當生活必需品的農家。他們針對這五百戶農家於不同的時間點做智力測驗。

結果同一個人的智力測驗成績，在甘蔗收成前沒有錢的情況，和收成後手頭較為寬裕的情況相比，出現極大的落差。經濟窘困時，測驗成績至少會減少九到十分。

為錢煩惱，會使大腦的處理能力明顯下降。

經濟窘困時，大腦只能發揮熬夜後八〇％的功能。

換句話說，為錢感到煩惱的人，可以說經常是在熬夜後的狀態下思考事物。

結果就是，**越煩惱錢的人，越無法做出脫貧的判斷，當然也沒有餘裕思考自己的核心價值**。

一旦變成這樣，就會陷入不幸的選擇惡性循環。

明明沒有錢，卻還是繼續賭博，把錢丟到水裡，使債務不斷增加，然後因為判斷能力下降，又選擇用賭博解決問題。

任何人都看得出來，這樣只會讓生活過得越來越痛苦，但當事人卻因為大腦判斷力下降，而不斷做出錯誤的選擇。

處於貧窮狀態時，容易做出錯誤判斷，周遭對自己的評價也會跟著下滑，甚至遭受批評：

「窮人就是因為懶，所以才沒錢的吧？」

但**並不是貧困的人有問題，而是貧窮拉低了他們的判斷能力、選擇力**。

困乏帶來的負面影響，並不侷限於金錢的匱乏。

核心價值筆記，寫出你的選擇基準

①寫下一件「自己人生最重要的事情」

應該是這個！

把「人生最重要的事情」寫下來，確認你的價值觀和價值判斷的基準。

②寫出三件好事

家人
- 上班前先去健身房，流了一身汗好舒服。
- 午餐時找到一間好吃的店。
- 工作按計畫進行，很順利。

把發生的好事寫下來，就可以知道自己的價值觀和感覺有無偏離。

③寫下為人生最重要的事情所採取的選擇和行動

- 為了家人，盡可能早點回家

正因為重要，更要採取行動。確認自己是否為了實踐核心價值，採取理性的行動。

④了解自己的選擇基準

- 最重要的事 → 家人
- 上健身房 → 維持身體健康
- 選擇便宜的餐廳 → 存錢
- 早點下班回家 → 和家人相處

我要以此作為判斷基準。
我的核心價值是家人。

覺得差不多該結婚而感到焦慮的人，卻挑了怎麼看也不合適的對象結婚，很有可能是因爲**覺得時間上沒有餘裕，造成壓力，而欠缺思考**。

有項研究針對大腦感到匱乏時，會發生什麼變化來進行調查。

該研究使用了醫療機器穿顱磁刺激（transcranial magnetic stimulation，以下簡稱ＴＭＳ），對大腦發出強力的磁性脈衝，麻痺局部區域。

比方說，使用ＴＭＳ停止額葉前額葉皮質的功能，受試者就會變得偏重眼前的利益。

詢問受試者：「現在馬上可以得到十英鎊，跟一週後可以拿到二十英鎊，你會選擇哪個？」

結果顯示，受試者會選擇眼前利益明顯比較少的十英鎊。

研究證明了當人有強烈的匱乏感時，跟大腦受到ＴＭＳ刺激、額葉部分功能停止時的狀態是一樣的。

也就是說，在沒有充足的金錢、時間等狀況下，容易感到焦慮，會做出讓我們後悔的選擇。

養成對自己的核心價值有所自覺，從長遠角度做選擇的習慣，便能預防因為這類匱乏之感，而做出錯誤的選擇。

改變自己的10％原則

效果

持續力提升
★★★★★
客觀力提升
★

想改變自己，想改變生活，但大多數的人卻中途受挫，原因就在於試圖一次改變太多。

因此，推薦大家使用「10％原則」。

這原則就是逐步改變自己10％左右的生活。

例如，你從這本書學到的知識當中，選擇10％左右應用到生活裡，逐漸改變你的選擇基準。

STEP 1 原則一：改變飲食的10％原則

一天三餐，每一餐都不吃碳水化合物，結果失敗了。為了避免中途受挫，先改變三餐中的一餐就好，例如晚上不吃米飯、中午不吃速食。

STEP 2 原則二：訂定具體的計畫並實行的10％原則

計畫不要一次就規畫一整天，先從訂定出具體的計畫開始，例如：早上出門前花一小時，或是花三十分鐘運動、讀書或用餐等。即便覺得好像可以超出預定的時間做得更久，也要限制做到最初設定的時間就好。

實踐「10％原則」時，要注意從開始實行之後的一個月內，不要超出設定好的10％範圍。

當自己習慣了設定好的10％限制或負荷之後，再把改變的比例慢慢往上加。

總結

重點在於與其試圖一次同時提升質和量，不如努力「持續」。這是新習慣養成的祕訣。

後記

你的未來，就在每天眾多選擇的那一頭

我在以讀心師的身分，頻繁參加電視節目演出的那段時間，經常被人問到：

「DaiGo 你這麼會讀人心，日子應該過得很輕鬆吧？」

我都會這樣回答：

「如果我有辦法完全掌握人心，根本就不用工作啦。」

比方說，我一年只要去一次賭場，解讀發牌員的心，持續做出正確的選擇，讓賭本翻個數十倍、數百倍後再回家，就不用為賺錢而工作了。

可是，能力再好的讀心師，也無法完全掌握人心，不可能每一次都做出正確的選擇。

但**只要用有科學依據的方式自我訓練，累積經驗，便能提高勝率**。就像我偶爾在電視節目上表演的「抽鬼牌對決」，我比一般人要能解讀對方的心，看穿對方的選擇，因此取得勝利。

同樣的，**只要持續實踐本書有科學依據的自我訓練法，然後再依據結果修正，任何人都能做出比過去更好的選擇。**

請意識到，你的未來就在每天眾多選擇的那一頭。

以前因爲電視節目的採訪造訪過英國牛津，我對那裡的生活有強烈的憧憬。

「希望有一天，能在這個被書本包圍的環境下生活。」

但光只是「希望」，「有一天」很有可能永遠不會到來，只會是個夢想。

我並不是在規畫退休後遷居他國，而是希望盡早實現這個夢想。因此，實現理想生活的計畫，在我的內心非常具體且實際。

把想實現的夢想，當作是選擇之後的未來反推回去，思考該怎麼做。懷抱一個長遠的願景，你可以把今天的每一個選擇，當作是創造未來的必要工作。

在更好的選擇那一頭，不後悔的人生正等著你。

希望本書能對你的人生有所幫助。

參考文獻

Gary Marcus(2009) Kluge: The Haphazard Evolution of the Human Mind.

John W. Payneet al.(2014) A User’ s Guide to Debiasing.

Barry Schwartz(2010) Practical Wisdom.

Chernyak, N., Leec, et al.(2017) Training preschooler’ s prospective abilities through conversation about the extended self.

Van Boven L(2003) Social projection of transient drive states.

Andrew C. Hafenbracket al.(2013) Debiasing the Mind Through Meditation Mindfulness and the Sunk-Cost Bias.

Emily B. Falk(2015) Self-affirmation alters the brain’ s response to health messages and subsequent behavior change.

Illan Yanivet al.(2012) When guessing what another person would say is better than giving your own opinion: Using perspective-taking to improve advice-taking.

Denise de Riddent al.(2014) Always Gamble on an Empty Stomach: Hunger Is Associated with Advantageous Decision Making.

Morewedge CK(2005) The least likely of times: how remembering the past biases forcasts of future.

Nicole L. Woodet al.(2014) Do self-reported decision styles relate with others’ impressions of decision quality?

Jeffrey Hunghes, Abigail A. Scholer(2017) When Wanting the Best Goes Right or Wrong Distinguishing Between Adaptive and Maladaptive Maximization.

Gergana Y. Nenkow et al.(2008) A short form of the Maximization Scale: Factor structure, reliability and validity studies.

Catherine A. Hartley(2014) Anxiety and Decision-Making.

www.booklife.com.tw

reader@mail.eurasian.com.tw

生涯智庫 184

不會做決定，你就一輩子被決定

這樣做出不後悔的選擇

作　　者／讀心師 DaiGo
譯　　者／謝敏怡
寫作協力／佐口賢作
原書內頁設計・DTP ／森田千秋（G.B. Design House）
內頁插圖／松村曉宏
封面攝影／井上滿嘉
造型設計／松野宗和
髮　　妝／永瀨多壱（VANITES）
原書編輯協力／坂尾昌昭、小芝俊亮、細谷健次朗（株式会社G.B.）
發 行 人／簡志忠
出 版 者／方智出版社股份有限公司
地　　址／台北市南京東路四段50號6樓之1
電　　話／（02）2579-6600・2579-8800・2570-3939
傳　　真／（02）2579-0338・2577-3220・2570-3636
總 編 輯／陳秋月
副總編輯／賴良珠
主　　編／黃淑雲
責任編輯／陳孟君
校　　對／胡靜佳、陳孟君
美術編輯／李家宜
行銷企畫／詹怡慧・黃惟儂
印務統籌／劉鳳剛・高榮祥
監　　印／高榮祥
排　　版／莊寶鈴
經 銷 商／叩應股份有限公司
郵撥帳號／ 18707239
法律顧問／圓神出版事業機構法律顧問　蕭雄淋律師
印　　刷／祥峰印刷廠
2020年8月　初版

定價 350 元　　ISBN 978-986-175-562-5

你本來就應該得到生命所必須給你的一切美好！
祕密，就是過去、現在和未來的一切解答。

——《The Secret 祕密》

國家圖書館出版品預行編目資料

不會做決定,你就一輩子被決定：這樣做出不後悔的選擇 / DaiGo作. -- 初版.
-- 臺北市：方智, 2020.08
272 面；14.8×20.8公分 --（生涯智庫；184）
譯自：後悔しない超選択術
ISBN 978-986-175-562-5 （平裝）
1.決策管理

494.1　　109008818

不會**做決定**，
你就一輩子**被決定**

不會做決定，
你就一輩子被決定

不會**做決定**，

你就一輩子**被決定**

不會做決定，
你就一輩子被決定